Saggi

Piergiorgio Odifreddi

UNA VIA DI FUGA

Il grande racconto della geometria moderna

MONDADORI

Dello stesso autore
in edizione Mondadori

Il club dei matematici solitari del prof. Odifreddi
Hai vinto, Galileo!
C'è spazio per tutti
Caro papa, ti scrivo

www.librimondadori.it

Una via di fuga
di Piergiorgio Odifreddi
Collezione Saggi

ISBN 978-88-04-61368-8

I edizione novembre 2011

Indice

Una via di fuga

Premessa

In fuga da Euclide

Divisa est in partes tres, diceva Cesare della Gallia, aggiungendo che i Belgi, gli Aquitani e i Celti «differiscono tutti fra loro per la lingua, le istituzioni e le leggi». Fatte le dovute proporzioni, com'è doverosa abitudine nella matematica, lo stesso si può dire della Geometria, delle sue scuole e della sua storia, che è naturale suddividere appunto in tre periodi: classico, moderno e contemporaneo.

Il *periodo classico* si estende dagli albori della concezione dello spazio alla fine dell'ellenismo, e ha visto il fiorire dei grandi nomi e dei grandi risultati che ancor oggi associamo alla geometria stessa. È il periodo dei primi oscuri segreti svelati lungo il Nilo dagli agrimensori egizi. Dei giochi sui raddoppi degli altari giocati dai bramini indiani. Della misura delle piramidi da parte del saggio Talete. Del teorema sui triangoli rettangoli del mistico Pitagora. Della classificazione dei cinque solidi regolari del platonico Teeteto. Dell'assiomatizzazione degli *Elementi* del grande Euclide. Degli *eureka* sul cerchio e sulla sfera del sommo Archimede. Dello studio delle sezioni coniche di Apollonio. Della misurazione della Terra di Eratostene, e del sistema solare di Aristarco. Della trigonometria di Ipparco. Del sistema geocentrico di Tolomeo.

È, in una parola, il periodo eroico di cui *C'è spazio per tutti* ha narrato la storia, sul finire della quale avevano iniziato a far capolino gli Arabi. La loro entrata in scena segna l'inizio del *periodo moderno*, caratterizzato da un ripensamento globale dei fondamenti euclidei. È il periodo della geometria proiettiva, stimolata dall'invenzione della prospettiva. Delle scoperte che i Greci avevano mancato, benché fossero alla loro portata. Dello sfibrante e fallito tentativo di dimostrare il postulato delle parallele. Dell'esaltante e riuscita scoperta di una geometria non euclidea, in cui quel postulato è negato. Della costruzione di modelli che permettono di visualizzare quell'apparentemente inconcepibile mostro.

È questa la storia che narra *Una via di fuga*, approdando a una conclusione situata verso la fine dell'Ottocento. Una seconda conclusione che, ancora una volta, non è definitiva, come già non lo era stata la prima. L'abbattimento di un'ortodossia, infatti, ha come effetto una proliferazione delle apostasie. Lo sapeva bene Origene, che nelle sue *Omelie su Luca* notava: *Ecclesia quatuor habet Evangelia, haeresis plurima*, «la Chiesa di Vangeli ne ha quattro, le eresie molti». Non parliamo poi di una Chiesa come quella di Euclide, che di testo canonico ne aveva addirittura uno solo!

Il risultato del suo rinnegamento fu dunque un fiorire di nuovi *Elementi* apocrifi, per render conto dei quali sarà necessario un terzo e conclusivo volume che narri la storia del *periodo contemporaneo* della geometria. Ma per ora ci rivolgeremo al periodo moderno, e ci gusteremo il senso di liberazione e di freschezza che solo le idee nuove e rivoluzionarie possono infondere. Idee che, essendo meno note e scontate di quelle classiche, risulteranno più sorprendenti e inaspettate.

Manteniamo dunque aperto il nostro cuore alla matematica, e prepariamoci a innamorarci di nuovo e ancora. Come cantavano i Beatles nella loro ultima canzone, *The end*: «alla fine l'amore che riceveremo uguaglierà quello che avremo donato».

I
L'arte dell'Alhambra
Gli Arabi

Nel 711 gli Arabi passarono lo stretto di Gibilterra, e in breve tempo conquistarono la Spagna. L'intera penisola iberica, con la sola eccezione delle Asturie, divenne Al Andalus: un regno dapprima soggetto all'impero arabo, ma dal 756 sotto il governo autonomo dell'emiro di Cordoba. Un emiro che nel 929 arrivò a proclamarsi califfo, alla pari di quelli di Bagdad e Tunisi.

Per quasi un secolo il califfato prosperò, economicamente e culturalmente. Ma agli inizi del nuovo millennio incominciò a sgretolarsi, e perse lentamente un tassello dietro l'altro, Cordoba compresa. A metà del Duecento era ormai ridotto al sultanato di Granada, e costretto a pagare tributi al regno di Castiglia. Ma rimaneva comunque la spina nel fianco della cristianità, come ultima roccaforte musulmana in Europa.

Il suo destino fu segnato nel 1469, quando il matrimonio fra Ferdinando d'Aragona e Isabella di Castiglia pose le basi per l'unificazione della Spagna. Una volta saliti entrambi al proprio trono, i due re dedicarono i primi dieci anni di governo congiunto a chiudere i conti della Riconquista. E il 2 gennaio 1492 Granada capitolò, in seguito a un assedio di sei mesi.

Dopo aver emesso quello che passò alla storia come «l'ultimo sospiro del Moro», il sultano Boabdil consegnò le chiavi della città a Isabella, che vi entrò alla testa di un'interminabile processione, cantando il *Te Deum* e impugnando il crocifisso. Nonostante gli accordi, i Mori e gli Ebrei

Francisco Pradilla, *La resa di Granada*, 1882.

furono espulsi non solo dalla città, ma dal paese. E l'Inquisizione, istituita dalla regina e istruita da Torquemada, si impegnò a ripulire etnicamente la Spagna dai rimanenti convertiti, considerati una macchia e una minaccia alla purezza religiosa dei cattolici.

Il giorno della caduta di Granada uno spettatore di nome Cristoforo Colombo assistette allo spettacolo, e vi accennò in apertura del suo *Diario di bordo*. Dopo pochi mesi, finanziato da Ferdinando e Isabella, partì con tre caravelle alla ricerca di una nuova via per le Indie. Il 12 ottobre 1492 «scoprì l'America», e al suo ritorno la consegnò ai Re Cattolici. In uno stesso anno, così, terminò la Riconquista della piccola Spagna e iniziò la Conquista dell'immenso Nuovo Mondo, tutto da convertire e depredare.

Non ti farai immagini di cose viventi

La residenza dei sultani di Granada era l'Alhambra, «La (Fortezza) Rossa» che sovrasta la città, e i re spagnoli vi si trasferirono. Fu lì, ad esempio, che essi diedero a Co-

John Frederick Lewis e William Gauci, *Il cortile dei mirti e la torre di Comares*, da *Schizzi e disegni dell'Alhambra*, 1835.

Eduard Gerhardt, *Il cortile dei Leoni all'Alhambra*, 1861.

Veduta dall'alto dell'Alhambra a Granada.

lombo il beneplacito per il suo primo viaggio. E fu lì che lo stesso Colombo venne processato nel 1500, dopo essere stato arrestato nelle Indie per quelli che oggi si chiamerebbero «crimini di guerra». Naturalmente l'avventuriero fu assolto, e ricevette un nuovo beneplacito per il suo quarto e ultimo viaggio, pur perdendo il titolo di viceré.

Non stupisce che l'Alhambra continuasse a essere una reggia anche sotto gli spagnoli, visto che i Mori ne avevano fatto una nuova meraviglia del mondo. All'originaria fortezza dell'Alcazaba, infatti, essi avevano gradualmente aggiunto nei secoli una serie di mura, porte, torrioni, palazzi, porticati, giardini e fontane, culminati nella perfezione architettonica del Palazzo dei Leoni. E i cristiani vi aggiunsero del loro: in particolare, il palazzo rinascimentale di Carlo V, le cui mura e il cui cortile costituiscono un quadrato circoscritto a un cerchio.

A impressionare, allora come ora, sono però soprattutto le astratte decorazioni policrome dell'intero complesso moresco. Gli Arabi, infatti, analogamente agli Ebrei, ma diversamente dai cristiani, prendono sul serio i Comandamenti. O, almeno, il secondo, che ordina esplicitamente: «Non ti farai idolo né immagine alcuna di quanto è lassù nel cielo, né di quanto è quaggiù sulla terra, né di ciò che è nelle acque sotto la terra».

Il legislatore dell'*Esodo* e del *Deuteronomio*, che per i credenti è Dio stesso, proibisce dunque, senza fraintendimenti, qualunque tipo di raffigurazione di uccelli, animali e pesci, e più generalmente della Natura. In una parola, pone divinamente fuori legge tutta l'arte figurativa che caratterizza la cultura cristiana, e di cui traboccano non solo i musei profani, ma anche gli edifici sacri!

Accettando una restrizione così radicale, gli Ebrei e gli Arabi furono costretti a rivolgersi all'arte astratta, che costituisce dunque l'unico ornamento delle sinagoghe e delle moschee. E, soprattutto, dell'Alhambra, i cui fregi forniscono una specie di catalogo illustrato di quelli che, non a caso, vengono chiamati «arabeschi». Su pavimenti, muri e soffitti della residenza moresca sono sistema-

Esempi di arabeschi dell'Alhambra.

ticamente messe in pratica tutte, o quasi, le possibilità che la matematica permette in teoria, e che ora passiamo ad analizzare.

Questioni di forma

Prima che Teeteto classificasse i cinque solidi regolari, con un argomento simile al suo, ma più semplice, erano già state classificate le tre *pavimentazioni* o *tassellazioni regolari*: cioè, i tre poligoni regolari che possono, da soli, ricoprire l'intero piano, come piastrelle di un pavimento o tasselli di un mosaico.

Anche in questo caso basta notare, anzitutto, che almeno tre piastrelle devono convergere in un vertice, altrimenti la figura non si chiuderebbe. Inoltre, la somma degli angoli dev'essere uguale a un angolo giro. Sono dunque esclusi tutti i poligoni regolari con un numero di lati maggiore di sei, perché a partire dall'ettagono i loro angoli sono tutti maggiori di un terzo di angolo giro.

Rimangono a disposizione i poligoni con al massimo sei lati, e di questi l'unico a venir escluso è il pentagono regolare, perché i suoi angoli sono compresi fra un quarto e un terzo di angolo giro: tre sono troppo pochi per chiudere la figura, e quattro sono troppi. Lo stesso motivo che permette l'esistenza del dodecaedro nello spazio ora impedisce dunque le tassellazioni pentagonali nel piano.

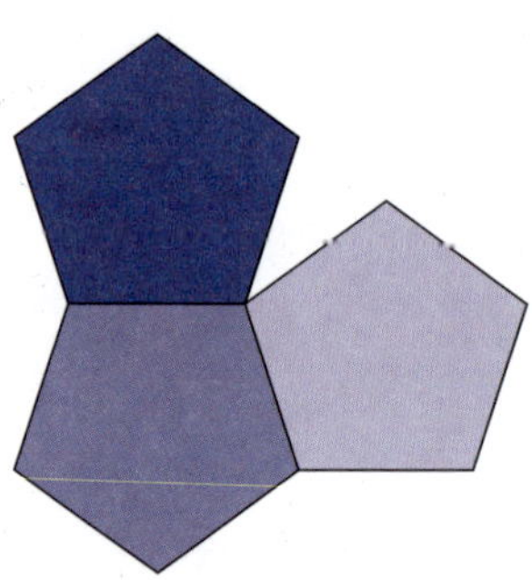

I tre rimanenti poligoni, e cioè il *triangolo*, il *quadrato* e l'*esagono*, hanno angoli pari a un sesto, un quarto e un terzo di angolo giro. Per coprire esattamente l'angolo giro, se ne possono mettere rispettivamente sei, quattro e tre in ciascun vertice. E, ripetendo la cosa all'infinito, si può coprire l'intero piano.

Esattamente come per i solidi regolari nello spazio, anche per le pavimentazioni regolari del piano si può parlare di *dualità* e *autodualità*. In ciascun vertice, infatti, si incontrano rispettivamente sei facce triangolari, quattro facce quadrate o tre facce esagonali. Unendo i centri delle varie facce, si sostituiscono i vertici con le facce e le facce con i vertici. Nel primo e nell'ultimo caso, si passa da una pavimentazione triangolare a una esagonale, e viceversa: esse sono dunque duali. Nel secondo caso, invece, da una pavimentazione quadrata si riottiene una pavimentazione quadrata, che è dunque autoduale.

Un argomento un po' più complicato di quello appena visto, ma dello stesso genere, permette di individuare le *otto pavimentazioni semiregolari*, che costituiscono l'analogo dei solidi semiregolari di Archimede. Si tratta, cioè, delle pavimentazioni che usano solo poligoni regolari, benché non tutti dello stesso tipo, e che ripetono sempre la stessa configurazione attorno a ciascun vertice.

Nel 1619, nell'*Armonia del mondo*, Keplero dimostrò che le pavimentazioni semiregolari sono appunto otto, così suddivise:

- Sei usano *due* soli poligoni. In cinque, uno è sempre il triangolo e l'altro può essere un quadrato (in due modi diversi), un esagono (in due modi diversi) o un dodecagono. Nella sesta i due poligoni sono un quadrato e un ottagono.

Salvador Dalí, *Cinquanta dipinti astratti che, visti a 2 iarde di distanza, si trasformano in tre Lenin travestiti da cinese e che, a 6 iarde, appaiono come la testa di una tigre reale*, 1962.

- Due usano *tre* poligoni. Precisamente, una il triangolo, il quadrato e l'esagono. E l'altra il quadrato, l'esagono e il dodecagono.

Lasciando cadere la restrizione ai poligoni regolari, le possibili pavimentazioni diventano infinite già con un solo tipo di piastrella. Ad esempio, *qualunque quadrilatero pavimenta l'intero piano*. Il motivo è, semplicemente, che la somma degli angoli di un quadrilatero è pari a quella di due triangoli, e dunque a un angolo giro. Disponendo opportunamente attorno a un vertice quattro copie del quadrilatero, due normali e due speculari, si chiude la figura. E la cosa si può ripetere indefinitamente.

Poiché un triangolo è la metà di un quadrilatero, si deduce subito che anche *qualunque triangolo pavimenta l'intero piano*.

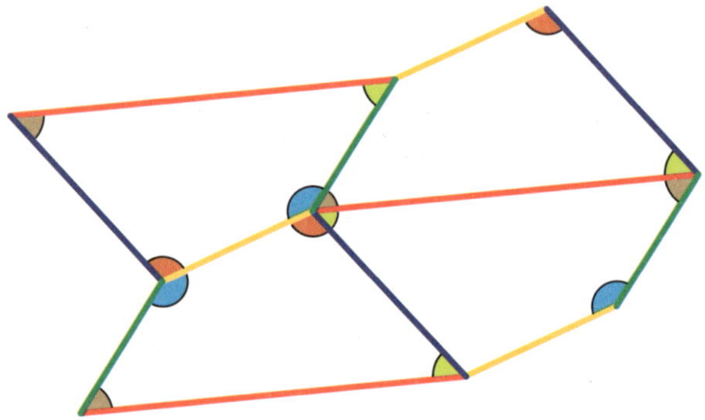

Un pentagono invece non sempre, e un controesempio è appunto il pentagono regolare. Ma ci sono pentagoni che pavimentano l'intero piano: come il cosiddetto «pentagono del Cairo», spesso usato nelle decorazioni della capitale egiziana, che ha due angoli retti, due angoli di 108 gradi e un angolo di 144 gradi.

Lo stesso succede con gli esagoni: alcuni pavimentano l'intero piano, ad esempio quelli regolari, e altri no. E la cosa finisce qui, perché *dagli ettagoni in su, nessun poligono convesso pavimenta l'intero piano*, dove «convesso» significa che contiene, insieme a due qualunque dei suoi punti, anche il segmento che li unisce: dimostrarlo è futile, ma non banale. Per quelli non convessi, invece, non c'è limite: basta approssimare con poligonali aventi un numero arbitrario di lati le curve delle due seguenti piastrelle, ciascuna delle quali copre da sola il piano. Entrambe sono state usate nelle decorazioni dell'Alhambra, e sono note coi nomi di «osso» e «petalo».

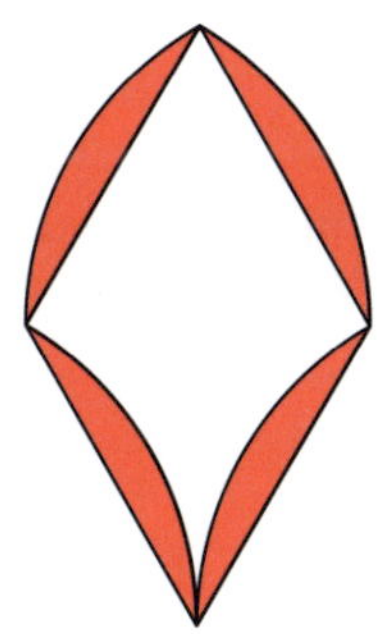

Ma che bel pavimento

L'applicazione più tipica delle pavimentazioni regolari del piano è ovviamente quella che dà loro il nome. Cioè, l'ubiquo uso che si fa delle piastrelle triangolari, quadrate o esagonali per ricoprire i pavimenti delle stanze. Anche alcune delle pavimentazioni semiregolari sono usate per lo stesso scopo: soprattutto, quella che combina piastrelle ottagonali e quadrate.

Benché queste pavimentazioni siano potenzialmente illi-

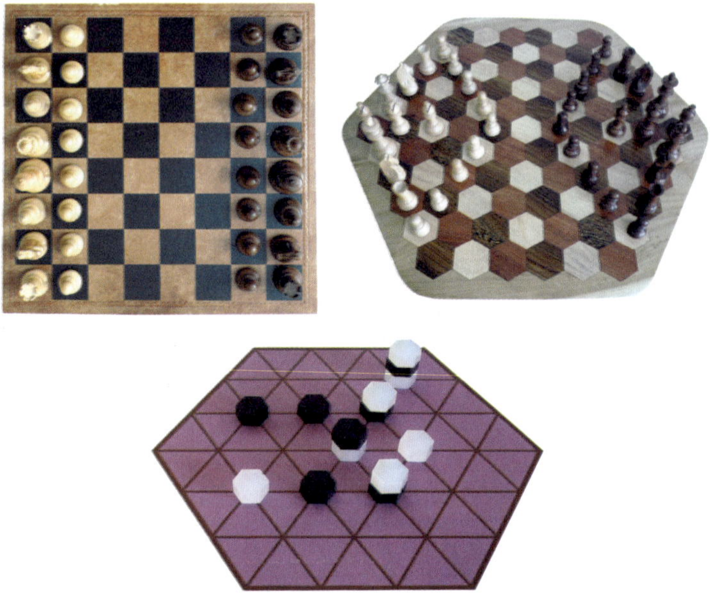

mitate, nella pratica se ne usano ovviamente soltanto parti limitate. Ad esempio, nelle scacchiere a celle quadrate, caratteristiche di giochi classici come la dama, gli scacchi e il *go*. O nelle scacchiere a celle esagonali, tipiche dell'Hex inventato nel 1942 da Piet Hein e riscoperto nel 1949 da John Nash. O nelle scacchiere a celle triangolari, usate in una serie di giochi recenti (Accasta, Abande, Attangle) derivati dal Lasca, inventato nel 1911 dal matematico e campione mondiale di scacchi Emanuel Lasker.

Fra le pavimentazioni regolari, quelle triangolari vengono impiegate abitualmente anche nelle costruzioni, a causa di una loro proprietà strutturale: per il criterio LLL (Lato-Lato-Lato), infatti, i triangoli sono rigidi e non deformabili. Il primo a brevettarle è stato James Warren nel 1848, per le travi che oggi portano il suo nome. Da allora esse vengono usate, con eventuali rinforzi, come campate di piccoli ponti. E anche come sostegni o pilastri per quelli più grandi, come nel Manhattan Bridge a New York.

Il Manhattan Bridge a New York.

Di pavimentazioni non regolari, a volte se ne incontra una quasi regolare con due sole *piastrelle quadrate diverse*, che possono essere considerate come costruite sui cateti di un triangolo rettangolo. Questa pavimentazione equivale a una regolare con una sola piastrella quadrata, che può essere considerata come costruita sull'ipotenusa dello stesso triangolo rettangolo.

L'equivalenza delle due piastrellazioni costituisce un'ulteriore dimostrazione del teorema di Pitagora, per decomposizione e ricomposizione. È stata scoperta dal matematico arabo Thabit ibn Qurra verso il 900, e riscoperta dal matematico olandese Frans van Schooten verso il 1600.

Naturalmente, nel caso che il triangolo rettangolo sia isoscele, si ottiene una doppia pavimentazione regolare autoduale, formata in un caso dal quadrato costruito sui cateti, e nell'altro caso dal quadrato costruito sull'ipotenusa.

Oltre che piastrelle regolari, per le pavimentazioni si possono usare anche *piastrelle irregolari*. Ad esempio, quelle a rombi, che producono l'effetto ottico dei cosiddetti *cubi reversibili*. I tre rombi adiacenti vengono infatti visti come le facce di un cubo, che possono alternativamente essere interpretate come interne o esterne. L'effetto si ha già con tre soli rombi. Ma quando ce ne sono di più, quelli interni possono appartenere a più di un cubo, e fanno sì che l'immagine venga percepita alternativamente come concava o convessa.

I cubi reversibili erano già noti ai Romani. Nel Novecento sono stati usati a profusione da Victor Vasarely, nella creazione di variopinte figure paradossali. E da Maurits Cornelis Escher, in *Convesso e concavo*.

Victor Vasarely, *Hat-C-II*, 1970, e *Hat-I*, 1971.

Victor Vasarely, *Hexa 5*, 1988.

Omaggio all'esagono

Oltre all'uomo, anche la Natura usa abbondantemente le pavimentazioni, più o meno regolari. La più conosciuta è certamente quella esagonale regolare messa in atto dalle api per la costruzione degli alveari. Già Pappo di Alessandria, nella prefazione al Libro V della sua *Synagogé*, «Raccolta» (da *syn*, «con», e *aghein*, «portare»), notava:

> La progettazione degli alveari segue un'intuizione geometrica. Le api sicuramente pensano che le celle devono essere contigue, per evitare che le impurità si inseriscano fra di esse e rendano scadente il miele. Possono dunque scegliere solo fra tre poligoni regolari, perché non si accontenterebbero certo di quelli irregolari. E fra i tre scelgono quello con il maggior numero di angoli, perché immaginano che conterrà la maggior quantità di miele.

Un conto, però, è capire perché le celle esagonali sono efficienti, e un altro risolvere il problema di come esse vengano costruite dalle api. La soluzione dovette attendere il 1611, quando nella strenna *Sul fiocco di neve* Keplero spiegò che la struttura esagonale emerge in maniera automatica:

basta costruire celle circolari identiche, e disporle in modo da lasciare fra loro il minor spazio possibile. Se invece le celle fossero disposte a scacchiera, lasciando un maggior spazio libero, si finirebbe per produrre automaticamente una struttura quadrata.

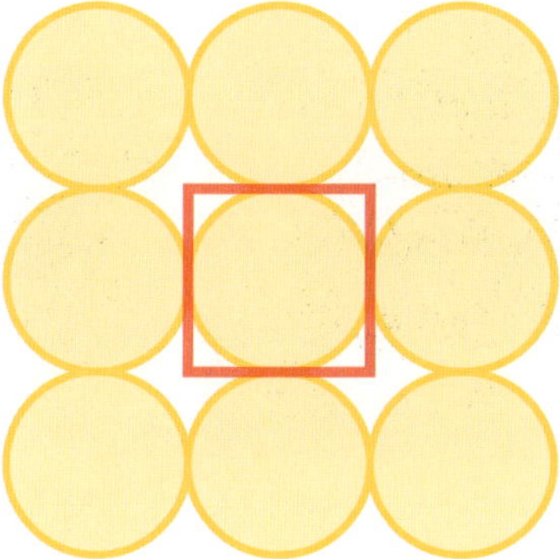

Le osservazioni di Pappo e Keplero portarono entrambe a due importanti sviluppi della matematica. La prima, allo studio delle figure isoperimetriche, «con lo stesso perimetro». La seconda, allo studio delle disposizioni di cerchi nel piano.

Ci vollero secoli per riuscire a dimostrare ciò che era apparentemente ovvio. E cioè, da parte dello svizzero Jakob Steiner nel 1838, che *il cerchio è la figura di area massima, a parità di perimetro*. E, da parte del norvegese Axel Thue nel 1892, che *la disposizione esagonale occupa la minima area, a parità di cerchi.*

Ancora di più c'è voluto per risolvere l'analogo problema della disposizione di sfere identiche nello spazio, che era stato lo stimolo originale della strenna di Keplero. Soltanto nel 1998 Thomas Hales è riuscito a dimostrare ciò che, ancora una volta, era apparentemente ovvio: che *la disposizione che occupa il minor volume, a parità di sfere, è quella a strati esagonali sfasati*, le sfere di ciascuno dei quali riempiono gli avvallamenti del precedente.

Senza aspettare il teorema, gli uomini hanno sempre impiegato questa disposizione, per impilare le palle da cannone o le arance! E la Natura anche, per impaccare gli atomi nei cristalli particolarmente densi: ad esempio, nell'oro puro.

A parte gli alveari, un interessante esempio di pavimentazione esagonale naturale è il *grafene*, che è valso il premio Nobel per la fisica nel 2010 ad Andre Geim e Konstantin Novosëlov. Si tratta di uno strato bidimensionale di atomi di carbonio, disposti appunto a nido d'ape, che costituisce il mattone fondamentale di due tipi diversi di composti.

Da un lato, più strati di grafene sovrapposti l'uno all'altro producono la *grafite* tridimensionale. Dall'altro lato, uno strato di grafene arrotolato su se stesso produce dei *nanotubi* unidimensionali, scoperti nel 1991 da Sumio Iijima.

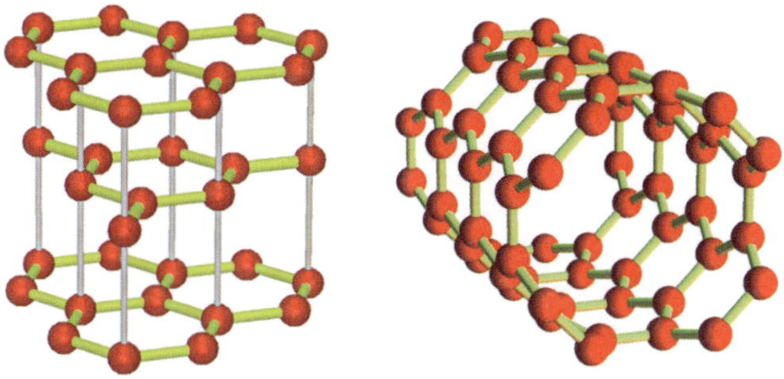

La struttura del grafene non è banale, perché in una pavimentazione esagonale i lati si incontrano a tre a tre nei vertici, mentre il carbonio ha quattro valenze: dunque, i legami tra i vari atomi non sono esauriti dai lati della pavimentazione. Alternando un legame in su e uno in giù nei vertici, si ottiene la *grafite*.

Quanto al grafene, si può pensare come il caso limite di strutture esagonali via via più grandi, la più semplice delle quali è il *coronene*. Quest'ultimo è un idrocarburo aromatico che si trova naturalmente nella carpathite, o karpatite, un minerale scoperto nella Transcarpazia (da cui prende il nome) e prodotto artificialmente nella raffinazione del petrolio. La sua struttura ($C_{24}H_{12}$) è formata da 24 atomi di carbonio, disposti a forma di sei esagoni raggruppati ad anello, e da 12 atomi di idrogeno appesi ai vertici esterni.

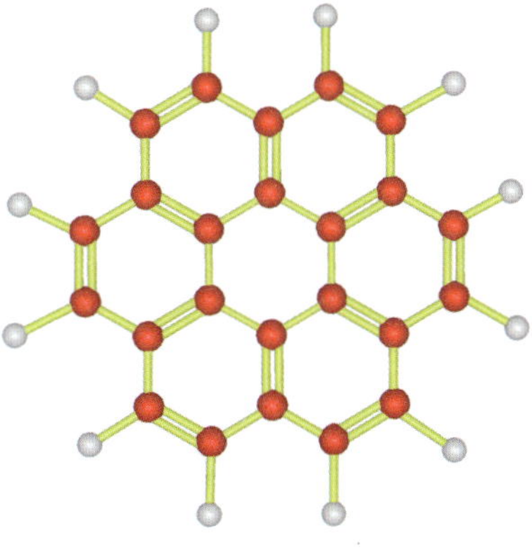

A sua volta, il coronene si può pensare come un anello formato da sei molecole di *benzene*: un altro idrocarburo aromatico, che si trova in natura come costituente del petrolio. La sua struttura (C_6H_6) è formata da 6 atomi di carbonio, disposti a forma di esagono, e da 6 atomi di idrogeno appesi ai vertici.

In ciascun esagono, ci sono due possibili realizzazioni teoriche della struttura. Nel 1865 August Kekulé intuì che nessuna delle due viene preferita dal benzene, e che esso «oscilla» fra di esse (oggi diremmo piuttosto che gli elettroni responsabili dei legami doppi sono delocalizzati, e il sistema è risonante).

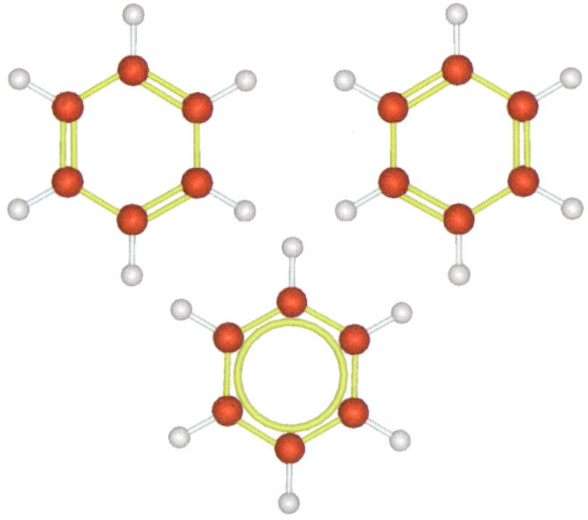

La storia della scoperta della struttura esagonale del benzene è una delle più note e ripetute della scienza, e fu raccontata da Kekulé stesso nel 1890:

> Ero seduto intento a scrivere, ma il lavoro non progrediva: i miei pensieri erano altrove. Girai la sedia verso il camino e mi appisolai. Gli atomi giocavano di fronte ai miei occhi, e il gruppo più piccolo rimase modestamente sullo sfondo. Il mio occhio mentale, reso più acuto da questa ripetuta visione, era ora in grado di distinguere strutture più grandi di multiforme conformazione: lunghe file, talvolta sistemate più strettamente, tutte sinuose e ricurve

come il moto di un serpente. Ma guarda! Che cos'è? Uno dei serpenti aveva afferrato la sua stessa coda, e la forma girava beffardamente davanti ai miei occhi. Come per un lampo improvviso mi svegliai e passai il resto della notte a elaborare la mia ipotesi.

Naturalmente, il poetico richiamo al mitico *ouroboros* era fatto apposta per attirare l'attenzione. Ma più che di un serpente si trattava di una bufala, per mascherare la prosaica verità: nel 1984 furono rinvenute una lettera del 1854 e una pubblicazione del 1858, nelle quali Kekulé citava la struttura esagonale che era già stata proposta da Auguste Laurent per il cloruro di benzoile.

Ma l'attrazione per la struttura del benzene rimane, chiunque l'abbia scoperta. In particolare, perché essa realizza chimicamente un poligono regolare, in maniera analoga a quella dei solidi regolari. Altri esempi di strutture chimiche a poligono regolare sono il *ciclobutadiene* (C_4H_4), con 4 atomi di carbonio disposti a forma di quadrato. E, più in generale, gli *annuleni* ($C_{2n}H_{2n}$ e $C_{2n+1}H_{2n+2}$).

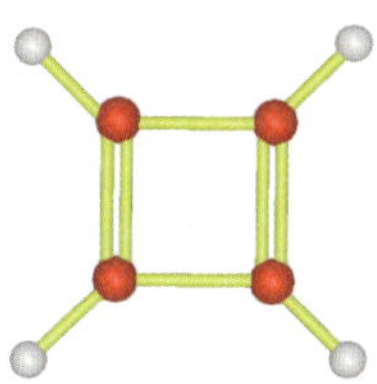

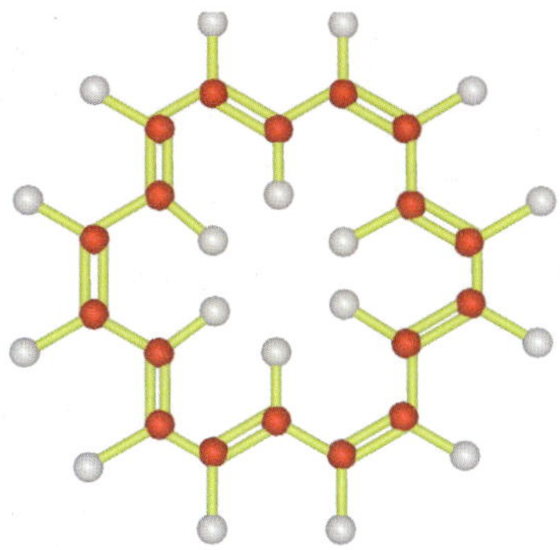

Sia il benzene che il coronene sono stati individuati sulla superficie di Titano, un satellite di Saturno. Nel 1981 la sonda *Voyager 1* ha invece scoperto nell'atmosfera di quest'ultimo il più grande esagono conosciuto: un singolare vortice di quella forma, con un diametro di 25.000 chilometri (il doppio della Terra), in rotazione sul Polo Nord del pianeta.

L'effetto può apparire sorprendente, ma lo diventa meno se si considera che quando si scalda uno strato sottile di fluido fornendo calore dal basso, la convezione produce una struttura esagonale costituita da *celle di Bénard*, scoperte nel 1900 da Henri Bénard.

Neanche a casa nostra, però, mancano gli esagoni. Si nascondono nelle strutture dei *sistemi cristallini esagonali*, dal berillio all'hanksite (qui raffigurata), oltre alla già citata grafite. Escono dal mare disegnati come *squame* colorate sul carapace delle tartarughe. E ci piovono candidamente addosso dal cielo durante le nevicate, perché i *fiocchi di neve* esibiscono quasi sempre una simmetria esagonale.

In geometria, infine, gli esagoni costituiscono il poligono più semplice da disegnare, insieme al triangolo equilatero. Il principio della costruzione è lo stesso nei due casi, e mostra che un esagono contiene sei triangoli equilateri.

Concentrandosi sugli archi di cerchio costruiti sui lati, invece che sui lati stessi, si ottiene una figura a sei spicchi nota a molte civiltà antiche, dagli Egizi agli Indiani. E anche a qualche inciviltà moderna, come quella della Padania, che l'ha adottata come suo simbolo col nome di «Sole delle Alpi». La figura si può facilmente iterare, ottenendo quello che viene variamente chiamato «fiore della vita» o «fiore delle Alpi», anch'esso esagonale e contenente 19 copie del seme che lo genera.

Viceversa, un triangolo equilatero contiene un esagono che occupa due terzi della sua area: per ottenerlo, basta tagliare le punte del triangolo a due terzi dai vertici opposti. Ripetendo la costruzione sui sei triangoli che costituiscono un esagono, si ottengono al suo interno sette esagoni, e altri due si possono costruire con le punte che rimangono. La figura che ne risulta si può quasi considerare una versione matematica della struttura del coronene.

Più sorprendentemente, gli esagoni si trovano anche nei solidi regolari. Non direttamente come facce, perché sappiamo che quelle possono essere solo triangolari, quadrate o pentagonali. Ma nelle sezioni del cubo, dell'ottaedro e del dodecaedro, ottenute tagliando appropriatamente i lati a metà. E nei solidi semiregolari ottenuti dal tetraedro, ottaedro e dodecaedro, tagliando appropriatamente i vertici.

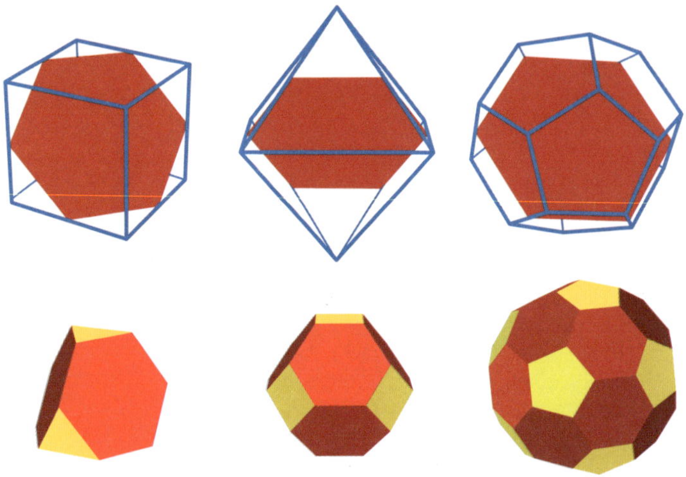

Riflettiamo, prima di continuare

Finora ci siamo limitati a parlare della forma delle piastrelle. Nelle pavimentazioni, però, esse sono spesso decorate, con motivi astratti o figurativi. In tal caso, la forma geometrica di una pavimentazione non basta a caratterizzarla completamente, e bisogna tener conto anche delle possibili simmetrie dei colori.

La parola *symmetria* significava in origine «commensurabilità» (da *sym*, «con», e *metrein*, «misurare»). La sua verifica richiedeva dunque due immagini da paragonare fra loro, e lo strumento più ovvio per produrle era lo specchio. Il che permetteva di definire simmetrico un oggetto identico alla propria immagine riflessa, e simmetrici due oggetti identici l'uno all'immagine riflessa dell'altro.

Era stata probabilmente la *fisiologia* a fornire un primo esempio approssimato di simmetria speculare, perché quasi tutti gli organi principali si presentano a coppie, uno per lato. Il più noto emblema di questa simmetria umana è il disegno di Vitruvio, reso popolare da Leonardo, che raffigura il corpo con le gambe e le braccia divaricate, dentro un cerchio e un quadrato, i cui centri coincidono all'incirca con l'ombelico.

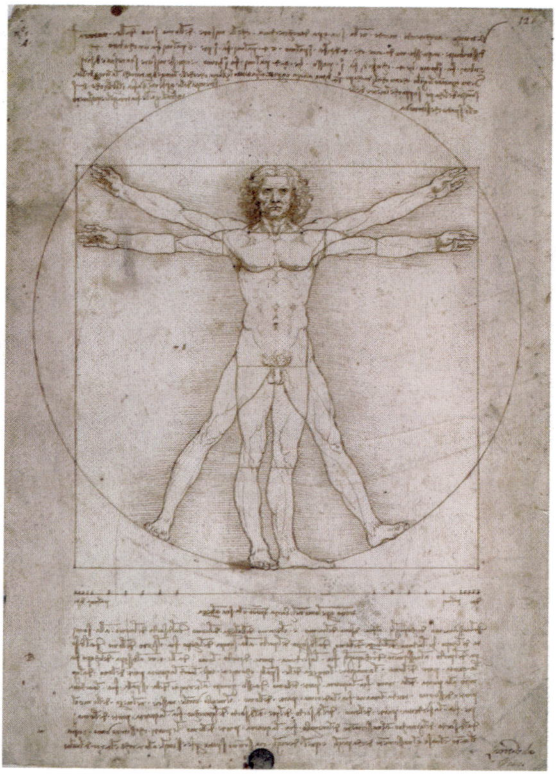

Leonardo da Vinci, *L'uomo di Vitruvio*, 1490 ca.

A uno sguardo più attento, però, la simmetria del corpo, umano o animale, non è perfetta. Una notevole eccezione alla duplicazione degli organi è il cuore. Non solo perché è uno, ma perché tende regolarmente a sinistra: anche quello di Berlusconi e Benedetto XVI, se ce l'hanno.

Per accorgersi di quanto le nostre due metà siano diverse fra loro, non c'è bisogno di un'autopsia: basta provare a riflettere il viso in uno specchio verticale posto fra gli occhi. Se ci pettiniamo con una riga, ad esempio, ci ritroviamo con due, o senza nessuna. E lo stesso succede con la punta del naso, se non l'abbiamo perfettamente diritto.

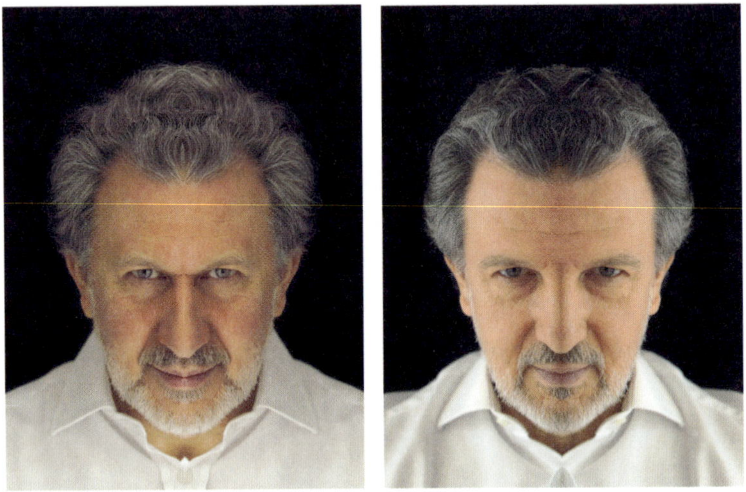

In *chimica*, diverse molecole esistono in forme speculari dette *eniantiomere* (da *enantios*, «opposto», e *meros*, «parte»), o *chirali* (da *cheir*, «mano»). Esse differiscono per la proprietà di ruotare il piano della luce polarizzata a destra o a sinistra, rispetto alla direzione di incidenza. Un esempio è l'acido lattico, raffigurato qui nelle due versioni, di cui solo la seconda (destrogira) viene prodotta dall'attività anaerobica dei muscoli.

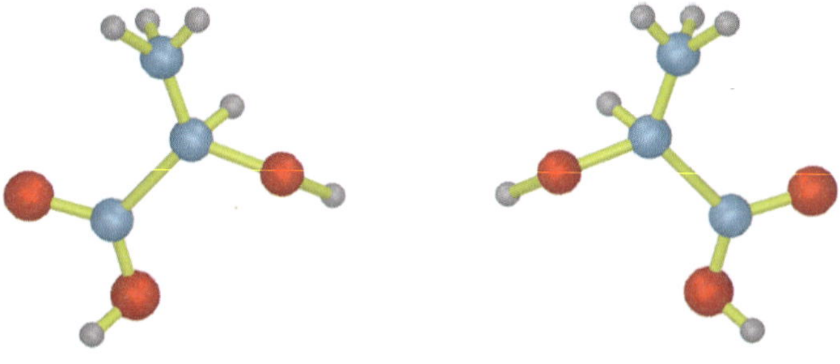

In *biologia* le α-eliche delle proteine e le doppie eliche del DNA sono quasi sempre destrogire, mentre gli amminoacidi degli organismi quasi sempre levogiri. Benché si tratti probabilmente della fissazione evolutiva di una selezione casuale, ormai destra e sinistra non si possono più scambiare fra loro.

In *Attraverso lo specchio e quel che Alice vi trovò* la bambina si domanda: «forse il latte speculare non sarebbe buono da bere». Effettivamente, non solo avrebbe un gusto diverso, ma non sarebbe neppure assimilabile. In un mondo speculare, cioè, probabilmente moriremmo presto di fame.

Alice passa attraverso lo specchio, illustrazione di John Teniell da *Attraverso lo specchio e quel che Alice vi trovò* di Lewis Carroll, 1871.

Alice non sembra invece preoccuparsi di come il mondo speculare appaia a livello *fisico*, cioè atomico o subatomico. Giustamente, perché a questo livello ci sono difficoltà oggettive ad accorgersi di un passaggio attraverso lo specchio. Nessun fenomeno gravitazionale, elettromagnetico o nucleare forte (relativo, cioè, alla coesione delle particelle negli atomi) permette infatti di scoprire una differenza fra destra e sinistra.

Nel 1956 i fisici Tsung-Dao Lee e Chen Ning Yang, vincitori del Nobel l'anno successivo, scoprirono però che una tale differenza esiste al livello dei fenomeni nucleari deboli: cioè, nel decadimento radioattivo. Un tipico esempio di fenomeno non speculare è il senso, rigorosamente antiorario rispetto alla direzione del moto, della rotazione (detta *spin*) dei neutrini. Alice avrebbe dunque dovuto vedere i neutrini ruotare nella direzione oraria.

L'unica cosa di cui si accorge, invece, è che la poesia *Jabberwocky* è illeggibile, a meno che non la si rifletta a sua volta in uno specchio, alla maniera della scrittura di Leonardo.

Twas brillig, and the slithy toves
Did gyre and gimble in the wabe;
All mimsy were the borogoves,
And the mome raths outgrabe.

Twas brillig, and the slithy toves
Did gyre and gimble in the wabe;
All mimsy were the borogoves,
And the mome raths outgrabe.

C'è però un genere di scrittura che, benché non letteralmente speculare, lo è idealmente. Si tratta del *palindromo* (da *palin*, «all'indietro», e *dromos*, «corsa»), che si può leggere in entrambe le direzioni: dall'inizio alla fine, o viceversa.

«Onorarono» è il più lungo palindromo non artificiale in italiano, e uno dei più belli «i topi non avevano nipoti». Uno dei più belli in inglese è invece *A man, a plan, a canal: Panama*, «Un uomo, un progetto, un canale: Panama», che descrive il coinvolgimento del presidente Theodore Roosevelt nella costruzione del famoso canale. Esistono anche intere opere palindromiche, come *9691* di Georges Perec, o *11 luglio 1982* di Giuseppe Varaldo, ma non si può negare che si tratta di imprese un po' grottesche.

In *musica*, invece, il processo non solo funziona perfettamente, ma è tipico sia del barocco che della dodecafonia. Riflettendo uno spartito in uno specchio perpendicolare o parallelo al pentagramma, si ottengono infatti, rispettivamente, brani *retrogradi* o *inversi*. Se poi si combinano le due riflessioni, si ottengono brani *retrogradi inversi*, o *inversi retrogradi*. E i quattro tipi si possono riassumere in una tabella dei «moti canonici»:

semplice o retto b ↗	retrogrado ↖ d
p ↘ inverso	↙ q retrogrado inverso

Naturalmente, se uno prende spartiti a caso e «di qua, di là, di giù, di su li mena», in genere non ottiene affatto musiche interessanti, o anche solo ascoltabili. Ma se è Bach e sa cosa fa, produce canoni sublimi, come i nove delle *Variazioni Goldberg*, i quattordici *Sulle prime otto note dell'Aria delle Variazioni Goldberg*, i dieci dell'*Offerta musicale* e i quattro dell'*Arte della fuga*. Cioè, il meglio del contrappunto settecentesco.

Se invece uno è Mozart, scrive un canone a specchio, che è stato trascritto come *Scherzo-duetto per due violini* su un solo foglio, in modo che gli esecutori lo leggano nel modo consueto, ma da parti opposte del foglio. Essi suonano dunque la musica in direzioni contrarie: uno da capo al fine, e l'altro al contrario.

La composizione è in Sol maggiore, per un ovvio motivo: l'accordo fondamentale di questa tonalità consiste delle tre note Sol, Si e Re, che si trovano sulle tre righe centrali del pentagramma. Dunque, l'accordo rimane lo stesso da qualunque dei due lati del foglio lo si guardi.

Se uno è Franz Joseph Haydn, poi, scrive la *Sinfonia n. 47*, detta *Palindrome*, perché il minuetto e il trio sono appunto palindromici. Così come i «minuetti in canone e trii al rovescio» della *Serenata in Do minore* (KV 388) e del *Quintetto in Do minore* (KV 406) di Mozart.

Se infine uno è Paul Hindemith, compone la breve opera palindromica *Hin und zurück*, «Avanti e indietro». La scena inizia pacatamente in cucina a colazione, ma degenera quando il marito scopre che la moglie ha un amante: prima uccide lei, e poi si suicida buttandosi dalla finestra. Arriva però una specie di santone-filosofo, che fa tornare gli eventi indietro, verso la resurrezione dei due e il lieto fine, mentre anche la musica e le liriche si capovolgono. L'opera finisce con la stessa nota, e sullo stesso tono, con cui era iniziata.

Fianco sinistro, avanti march!

Dalla tabella dei moti canonici vediamo che, riflettendo verticalmente la lettera b, otteniamo la lettera d. Riflettendola orizzontalmente, otteniamo la lettera p. Ruotando il foglio di 180 gradi, oppure guardandolo dall'altra parte del tavolo, vediamo infine una q.

Naturalmente, la cosa non cambia se partiamo da una qualunque delle lettere b, d, p e q. Ad esempio, la q si può ottenere riflettendo p verticalmente, o d orizzontalmente, e così via. In un senso preciso, le quattro lettere hanno dunque tutte la stessa forma, benché orientata in maniera diversa.

Le operazioni che abbiamo appena eseguito sulle quattro lettere si chiamano, per ovvi motivi, *riflessioni* e *rotazioni*. E si può subito notare che *la rotazione si può ridurre a due riflessioni*, e si potrebbe dunque evitare. Ad esempio, se dapprima riflettiamo b verticalmente, ottenendo d, e poi riflettiamo d orizzontalmente, otteniamo q senza rotazioni, appunto. Non sarebbe invece possibile evitare le riflessioni, perché non c'è modo di ruotare b o q per farle diventare d o p.

Consideriamo ora non più singole lettere, ma parole: cioè, sequenze di lettere. Ad esempio, in «bdb» la d è una doppia riflessione verticale delle due b, di sinistra e di destra. Il che significa che la b di sinistra può essere spostata sulla b di destra, o viceversa, mediante due riflessioni. Un movimento di questo genere viene chiamato *traslazione*, e abbiamo appena osservato che *una traslazione si può ridurre a due riflessioni*.

Analogamente, nella parola «bp», la p si può considerare come uno spostamento orizzontale di una b che ha subìto una riflessione. In questo caso si dice che b ha subìto una *glissoriflessione*, o «riflessione scivolata» (dal francese *glisser*, «scivolare»). E abbiamo appena osservato che *una glissoriflessione si può ridurre a una riflessione, seguita da una traslazione*.

Poiché questi esempi mostrano che la riflessione ha un ruolo centrale, si può definire la simmetria geometrica, o *isometria* (da *isos*, «uguale», e *metrein*, «misurare»), cioè una trasformazione che conserva le distanze e gli angoli, come un qualunque movimento che si ottenga mettendo insieme delle riflessioni. E due figure sono geometricamente simmetriche, o isometriche, se è possibile passare da una all'altra mediante una simmetria geometrica.

Ad esempio, le impronte dei piedi di un soldato sull'attenti sono simmetriche, perché legate da una riflessione. Se il soldato effettua un fianco-destro o un fianco-sinistro senza spostarsi, le impronte del piede su cui ha ruotato sono legate da una rotazione. Se invece il soldato è in marcia, le impronte dello stesso piede sono legate da una traslazione, e quelle di piedi diversi da una glissoriflessione.

I tipi di simmetrie che abbiamo considerato non sono stati scelti a caso. Si può infatti dimostrare che *ogni simmetria geometrica, cioè la concatenazione di un numero arbitrario di riflessioni, è equivalente a una sola riflessione, o una sola rotazione, o una sola traslazione, o una sola glissoriflessione.* I quattro tipi forniscono dunque una classificazione completa delle simmetrie, anche se a prima vista sembrerebbero essercene altre.

Ad esempio, la simmetria che sposta orizzontalmente una b in una d sembra richiedere una riflessione verticale e una traslazione orizzontale. Ma in realtà si può effettuare mediante una sola riflessione verticale, in uno specchio posto a metà distanza fra la b di partenza e la d di arrivo.

Una volta introdotte e classificate le simmetrie geometriche, possiamo usarle per determinare il grado di simmetria di una figura. In particolare, possiamo dire che una figura è tanto più simmetrica quante più sono le simmetrie che la lasciano invariata. Naturalmente, ci sono delle restrizioni alle possibili combinazioni di simmetrie, perché:

- Le traslazioni e le glissoriflessioni muovono tutte le lettere.
- Le rotazioni lasciano una lettera nello stesso posto: quella attorno a cui si ruota.
- Le riflessioni lasciano un'intera riga nello stesso posto: quella rispetto a cui si riflette.

Inoltre, come abbiamo già notato, le rotazioni e le traslazioni non cambiano il verso di una lettera (b può diventare q, ma non d o p), mentre le riflessioni e le glissoriflessioni sì.

La croce e la svastica

Incominciamo a considerare le figure che ammettono simmetrie rotazionali. Ad esempio, la lettera I è lasciata invariata da due riflessioni e due rotazioni. La lettera Y, se disegnata regolare, da tre riflessioni e tre rotazioni. E la lettera X, se disegnata regolare, da quattro riflessioni e quattro rotazioni. In generale, una *croce regolare* con *n* semibraccia uguali è lasciata invariata da *n* rotazioni e *n* riflessioni, e la stessa cosa succede per il *poligono regolare* di *n* lati.

Analogamente, le lettere N e Z sono lasciate invariate da due rotazioni. E una *croce regolare uncinata* con *n* semibraccia uguali, da *n* rotazioni. Non da riflessioni, ovviamente, perché esse invertirebbero il senso di rotazione degli uncini. Ritroviamo la croce regolare nella bandiera della Svizzera, mentre due croci uncinate note dai tempi antichi sono la trinacria a tre braccia, simbolo della Sicilia e dell'isola di Man, e la svastica a quattro braccia, antico simbolo indiano di prosperità e di fortuna, divenuta poi emblema del partito nazista.

Ancora una volta, questi esempi sono caratteristici. Leonardo ha infatti dimostrato che essi costituiscono i soli tipi di simmetrie possibili per i *rosoni*, le *volte* o le *cupole*. Per quelle figure, cioè, come le finestre delle cattedrali gotiche, o le decorazioni dei capitelli o dei foulard, che ammettono soltanto un numero finito di simmetrie e un centro: ossia, un punto che non viene mosso da nessuna di queste simmetrie.

Cupole della Round Church nella Temple Church a Londra
e dell'abbazia di Sainte-Foy a Conques in Francia.

Per classificare il tipo di simmetria di un rosone, dunque, bastano due informazioni. Anzitutto, bisogna determinare il numero di spicchi che si ripetono: cioè, il numero di possibili rotazioni. E poi, bisogna verificare se il rosone appaia o no uguale, quando lo si guarda dai due lati del muro: cioè dall'esterno o dall'interno dell'edificio. Se la risposta è no, non ci sono riflessioni. Se invece è sì, allora ce ne sono tante quante le rotazioni.

Rosoni in marmo intarsiato della facciata di Santa Maria Novella e, in basso, del Tempietto del Santo Sepolcro in San Pancrazio a Firenze, realizzati da Leon Battista Alberti nel XV secolo. I rosoni a sinistra sono di tipo simmetrico e quelli a destra di tipo asimmetrico.

Per quanto riguarda il cerchio, esso è lasciato invariato da infinite rotazioni, di qualunque grado di ampiezza, e da infinite riflessioni, rispetto a qualunque diametro. Il che conferma l'intuizione degli antichi, che sia la figura con il massimo grado di simmetria.

Greche egizie e arabe

Passiamo ora alle figure che, come i rosoni, ammettono un numero finito di tipi di simmetrie. Ma nelle quali, diversamente dai rosoni, nessun punto rimane invariato.

Tra le simmetrie di queste figure ci deve sempre essere almeno una traslazione: infatti, se c'è una glissoriflessione, basta applicarla due volte per ottenere una traslazione. Queste figure non possono dunque essere finite, come le precedenti.

Inoltre, poiché stiamo considerando figure su un piano bidimensionale, ogni traslazione si può scomporre al massimo in due traslazioni canoniche: una orizzontale e una verticale.

Iniziamo a considerare il caso di una sola traslazione, che riguarda composizioni di lettere su una sola riga. Poiché la composizione risulta invariata dopo una traslazione, dev'essere costituita di una parte finita che si ripete all'infinito. Siamo dunque in presenza di un *fregio* o *greca*, del tipo usato per le decorazioni periodiche unidimensionali, dagli zoccoli dei muri alle sciarpe.

In teoria ci potrebbero essere $2^4 = 16$ tipi di fregi, perché altrettante sono le possibili combinazioni di invarianza o meno rispetto a rotazioni, riflessioni orizzontali o verticali, e glissoriflessioni. In pratica, però, alcune combinazioni sono impossibili. Ad esempio, abbiamo già osservato che avendo riflessioni orizzontali e verticali si hanno anche rotazioni. Analogamente, non si può avere una riflessione orizzontale senza una glissoriflessione, perché stiamo supponendo che ci sia comunque una traslazione orizzontale.

Esaminando tutti i casi, si dimostra che *esistono esattamente 7 tipi diversi di fregi*, che si possono esemplificare nel modo seguente:

FFFFFFFF	↗ ↗ ↗ ↗
TTTTTTTT	↗ ↖ ↗ ↖
ZZZZZZZ	↗ ↙ ↗ ↙
EEEEEEEE	→ → → →
HHHHHH	↔ ↔ ↔ ↔
bpbpbpbpb	↗ ↘ ↗ ↘
bdpqbdpqb	↗ ↖ ↘ ↙

La prima riga è lasciata invariata solo da traslazioni. La seconda, da traslazioni e riflessioni. Oltre che dalle traslazioni, la terza riga è lasciata invariata da rotazioni di 180 gradi. La quarta, da riflessioni orizzontali. La quinta, da riflessioni orizzontali e verticali. La sesta, da glissoriflessioni. E la settima, da riflessioni verticali e rotazioni di 180 gradi.

Il caso di due traslazioni riguarda non più singole righe, ma pagine infinite, in cui si ripetono configurazioni bidimensionali di lettere. Siamo questa volta in presenza di *mosaici* o *pavimentazioni* del tipo usato per le decorazioni periodiche bidimensionali, dalle piastrellazioni alle tappezzerie ai tappeti.

La classificazione di tutti i possibili tipi di mosaici è analoga a quella appena vista per i fregi, benché molto più complicata. Nel 1891 il cristallografo russo Evgraf Fëdorov ha infatti dimostrato che questa volta *esistono esattamente 17 tipi diversi di mosaici*, che ammettono soltanto le simmetrie rotazionali derivate dalle piastrellazioni regolari: cioè, quelle corrispondenti ad angoli di 60, 90, 120 e 180 gradi (a destra o a sinistra). Sorprendentemente, quasi tutti i 17 tipi sono stati usati sia negli affreschi egizi delle tombe nella Valle dei Re, sia nelle decorazioni moresche dell'Alhambra da cui eravamo partiti.

In tempi moderni, Escher ha fatto della pavimentazione la sua forma d'arte. Egli fu avvantaggiato, rispetto agli Arabi, perché poteva usare figure di animali, specialmente pesci e uccelli. E anche perché, mentre gli Egizi e i Mori dovettero scoprire da soli i 17 possibili tipi di mosaici, a lui li fece conoscere il fratello, che era professore di geologia. Escher, però, riscoprì autonomamente le *pavimentazioni cromatiche*, che sono di grande interesse non soltanto per gli artisti, ma anche per i cristallografi. In particolare, ritrovò 14 delle 46 possibili piastrellazioni del piano a due colori, classificate dal matematico Henry Woods nel 1936.

Esempi dei 17 tipi di mosaici planari che il cristallografo russo Evgraf Fëdorov classificò nel 1891.

Cristalli sognanti

Passando dal piano allo spazio, i poligoni cedono il posto ai solidi. L'unico dei solidi regolari in grado di ricoprire da solo l'intero spazio è il cubo. Ma tetraedro e ottaedro possono farlo congiuntamente, in una pavimentazione solida illustrata da Escher in *Platelminti*.

Maurits Cornelis Escher, *Platelminti*, 1959.

Dei solidi semiregolari, l'unico in grado di ricoprire da solo l'intero spazio è invece l'ottaedro troncato. Ma *esistono esattamente 28 pavimentazioni uniformi convesse*, che combinano appunto in maniera uniforme (cioè, con la stessa disposizione attorno ai lati e ai vertici) i solidi regolari o semiregolari, e i prismi a basi regolari o semiregolari.

Gli 11 prismi a basi regolari o semiregolari producono versioni tridimensionali delle 11 pavimentazioni regolari o semiregolari del piano. Queste pavimentazioni sono particolarmente interessanti, perché mostrano come lo spazio si possa ricoprire «a strati», semplicemente sovrapponendo pavimentazioni planari. Poiché così si formano i cristalli, le pavimentazioni dello spazio trovano appunto la loro applicazione canonica in cristallografia. Ma anche nella foliazione delle rocce in geologia, come dimostra la spettacolare formazione del Selciato del Gigante in Irlanda.

Il Selciato del Gigante in Irlanda.

Nel 1891 Fëdorov ha dimostrato che, così come ci sono 7 tipi di fregi lineari, e 17 tipi di mosaici planari, *esistono esattamente 230 tipi diversi di cristalli*. E poiché nelle tre direzioni spaziali i cristalli esibiscono simmetrie planari, le possibili rotazioni che li lasciano invariati possono solo essere le stesse dei 17 tipi di mosaici, corrispondenti agli angoli di 60, 90, 120 e 180 gradi (a destra o a sinistra).

Nel 1984 il cristallografo Daniel Schechtman, premio Nobel per la chimica nel 2011, ha però scoperto una lega di alluminio e manganese, la cui struttura molecolare esibisce una simmetria di rotazione pentagonale, corrispondente a un angolo di 108 gradi. Queste strutture sono state chiamate *quasicristalli*, e costituiscono versioni spaziali di particolari pavimentazioni planari non periodiche, cioè senza simmetrie traslazionali.

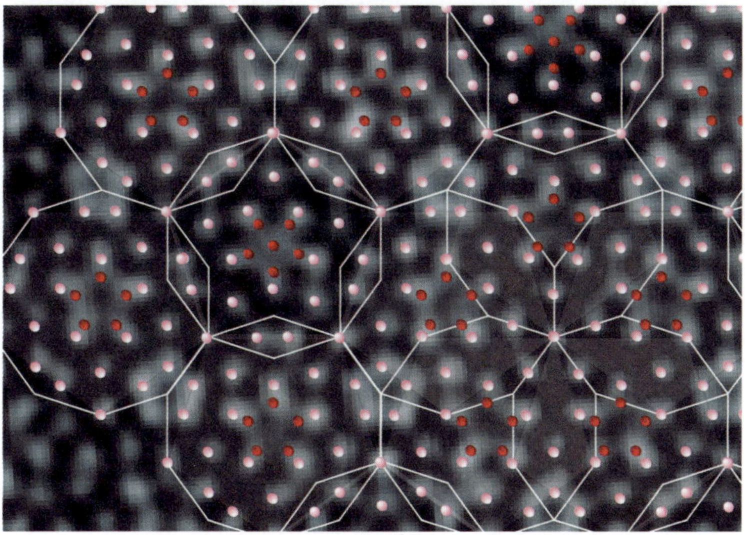

Che ci siano pavimentazioni non periodiche del piano, è ovvio: basta considerare piastrelle che ricoprano il piano espandendosi in maniera radiale, o spiraliforme. Ad esempio, le due seguenti, la prima delle quali si trova nel *Trattato sulla misura con riga e compasso* di Dürer, del 1525, e l'altra è una sua variazione.

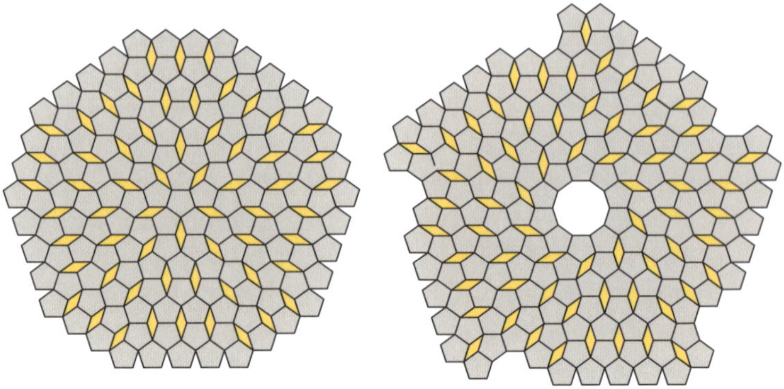

Meno ovvio è che esistano *piastrelle che permettono di pavimentare l'intero piano, ma soltanto in maniera non simmetrica*: cioè, la piastrella è unica, ma non può essere usata sempre allo stesso modo. La loro esistenza è stata dimostrata nel 1935 dal matematico tedesco Heinrich Heesch. E un esempio è illustrato da Escher in *Fantasmi*, dove si nota appunto che alcuni fantasmi sono raggruppati, mentre altri sono isolati.

Maurits Cornelis Escher, *Fantasmi*, 1971.

Ancora meno ovvio è che esistano *piastrelle che permettono di pavimentare l'intero piano, ma soltanto in maniera non periodica*. La loro esistenza fu dimostrata nel 1966 dal tedesco Robert Berger, in maniera complicata e indiretta.

Nel 1974 l'inglese Roger Penrose semplificò radicalmente l'esempio di Berger, usando due serie alternative di due sole piastrelle ciascuna, ottenute entrambe dal triangolo aureo nella maniera indicata nelle due figure.

Alternativamente, le due piastrelle della prima serie si possono considerare come il risultato di due ovvi tentativi di piastrellare il piano mediante pentagoni. Nel primo, che è un'ulteriore variazione di quello di Dürer visto poco sopra, i pentagoni vengono semplicemente allineati lungo le basi e i vertici, e gli spazi che essi lasciano liberi generano le due piastrelle di Penrose. Nel secondo, i pentagoni vengono invece accavallati, e la loro sovrapposizione ne genera una sola.

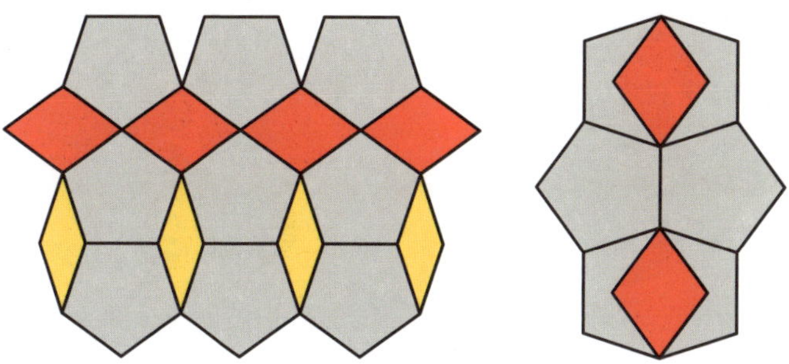

Naturalmente, ciascuno dei due rombi di Penrose può ricoprire da solo il piano in maniera periodica, come qualunque quadrilatero. Il trucco di Penrose è stato di inserirvi delle scanalature che permettono soltanto alcune delle loro possibili combinazioni, in modo da forzare le piastrelle a espandersi radialmente in forma pentagonale. Da un lato, questo permette che l'intero piano venga pavimentato. Dall'altro, impedisce però che la pavimentazione sia periodica.

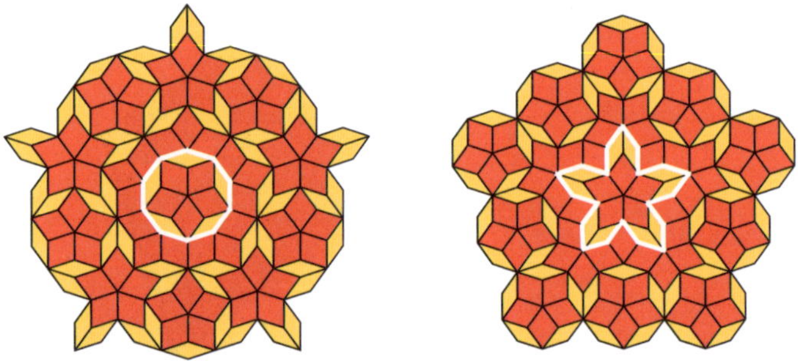

Per quanto riguarda la seconda serie di piastrelle di Penrose, la restrizione alle loro possibili combinazioni è semplicemente che due piastrelle adiacenti non devono formare un unico parallelogramma.

Le piastrelle di questa seconda serie sono duali delle precedenti. È dunque possibile passare da una piastrellazione del primo tipo a una del secondo, e viceversa.

Benché questi risultati risalgano alla seconda metà del Novecento, recentemente si è scoperto che le pavimentazioni non periodiche erano già state trovate e usate nel Quattrocento dagli Arabi. Questa volta, però, non in Spagna, bensì in Turchia, Iran e Uzbekistan, a testimonianza della loro versatilità in queste faccende.

Esempio di tassellazione non periodica nell'arco del santuario Darb-i Imam a Isfahan in Iran, 1453.

II

Tutto dipende dai punti di vista

Da Brunelleschi a Desargues e Pascal

Agli inizi del Quattrocento, probabilmente nel 1416, Filippo Brunelleschi stupì dapprima Firenze, e poi il mondo. Si recò infatti alla cattedrale di Santa Maria del Fiore, si posizionò al centro della porta maggiore, e disegnò secondo le regole della prospettiva il Battistero che vi stava di fronte. Si recò poi in piazza della Signoria, si posizionò all'angolo di via de' Calzaiuoli, e disegnò secondo le stesse regole il Palazzo Vecchio.

Le due tavole del Brunelleschi sono andate perdute, e sappiamo della loro esistenza solo grazie alla testimonianza di Leon Battista Alberti. Oggi possiamo ricostruirle con facilità, semplicemente fotografando i due siti dalle stesse posizioni in cui si era posto l'architetto. Ma disegnarle all'epoca non era per niente banale, perché le regole della prospettiva non erano ancora state scoperte. Fu proprio Brunelleschi a capire che si potevano lasciare orizzontali le linee orizzontali, e verticali le linee verticali, ma bisognava far convergere in punti immaginari le linee di profondità.

Il Battistero non era stato scelto a caso: essendo un edificio ottagonale, offriva alla vista una faccia perpendicolare, e due facce a 45 gradi. E Brunelleschi giocò in maniera astuta: lo disegnò su una tavoletta di legno in maniera speculare, ci fece un buco sul retro e gli collocò di fronte uno specchio. Chi guardava lo specchio attraverso il buco, aveva così l'illusione di vedere miracolosamente apparire il Battistero stesso, come se fosse vero.

Ricostruzione delle due tavolette prospettiche di Filippo Brunelleschi raffiguranti il Battistero di San Giovanni e Palazzo Vecchio a Firenze.

Questi trucchi oggi ci lasciano indifferenti, perché la prospettiva è diventata una nostra seconda natura. Ma che all'epoca dovessero essere sorprendenti e spettacolari, lo dimostrano le leggende che sono fiorite sulle due tavole del Brunelleschi. E i tentativi di riprodurle alla sua maniera, come nei *Capricci* di Jacques Callot, ancora due secoli dopo gli originali.

Apriamoci una via di fuga

La scoperta di Brunelleschi era un uovo di Colombo, perché l'immagine retinica è rigorosamente prospettica: lo dimostrano appunto le fotografie. Ma il cervello non tiene conto delle prospettive a breve distanza, e ci fa dunque apparire paradossalmente distorte le fotografie scattate da vicino.

La compensazione dell'effetto prospettico avviene però soltanto per la visione orizzontale e a breve distanza, non per quella verticale: forse perché siamo poco abituati a guardare in alto o in basso. Già al tempo di Augusto, Vitruvio registrò nella sua *Architettura* che i piani alti degli edifici osservati dalla strada, e gli uomini sulla strada osservati dai piani alti, ci sembrano paradossalmente schiacciati.

Anche prima della scoperta della teoria scientifica da parte di Brunelleschi, la pratica artistica aveva spesso introdotto correzioni prospettiche. Nella *Storia naturale* Plinio il Vecchio narra lo stupore del pubblico quando una statua di Atena, scolpita da Fidia con membra e viso deformi, apparve perfetta dopo la sistemazione sulla colonna alla quale era destinata.

Ai tempi di Platone questi accorgimenti erano ormai talmente comuni che nel *Sofista* il filosofo si scagliò contro coloro che li usavano, perché non rappresentavano le cose come sono in realtà. E gli esempi classici di correzioni prospettiche non si contano: l'inclinazione verso l'interno degli assi delle colonne del Partenone, l'ampliamento verso l'alto del campanile di Giotto a Firenze, l'allargamento verso il fondo di piazza San Marco a Venezia…

Veduta dall'alto di piazza San Marco a Venezia.

Con l'aumentare della distanza dell'oggetto da noi, la percezione della sua grandezza invece diminuisce: un fatto registrato per la prima volta su una tavoletta assira del regno di Assurbanipal, nel secolo –VII. Altri fenomeni percettivi legati all'allontanamento di un oggetto sono la perdita di definizione dei suoi contorni e lo sbiadimento del suo colore.

Lo studio delle leggi della visione fu affrontato fin dall'antichità, e verso il –300 ne esisteva ormai una teoria completa, codificata da Euclide nell'*Ottica*. Le più importanti di queste leggi stabiliscono che gli oggetti determinano un «cono» di raggi rettilinei convergenti nell'occhio, avente come base il contorno dell'oggetto.

La percezione della grandezza di un oggetto è determinata dall'angolo sotteso dal suo cono rispetto al nostro occhio. In particolare, man mano che si allontana, l'oggetto appare sempre più piccolo, fino a scomparire in un *punto di fuga*: un nome introdotto nel 1715 da Brook Taylor, nel suo trattato sulla *Prospettiva lineare*. Nella percezione due rette parallele appaiono dunque convergenti, e due rette convergenti vengono interpretate come parallele.

Se l'ottica determina il cono della visione formato da un oggetto rispetto a un occhio, la prospettiva studia invece l'intersezione di questo cono con un piano, pensato come una tela su cui rappresentare l'immagine vista dall'occhio. Si tratta, cioè, di considerare la tela come una finestra attraverso la quale si vede, guardando con un unico occhio, il mondo esterno. E così fecero effettivamente i pittori rinascimentali, usando vari artifici descritti nel 1525 da Dürer, nel *Trattato sulla misura con riga e compasso.*

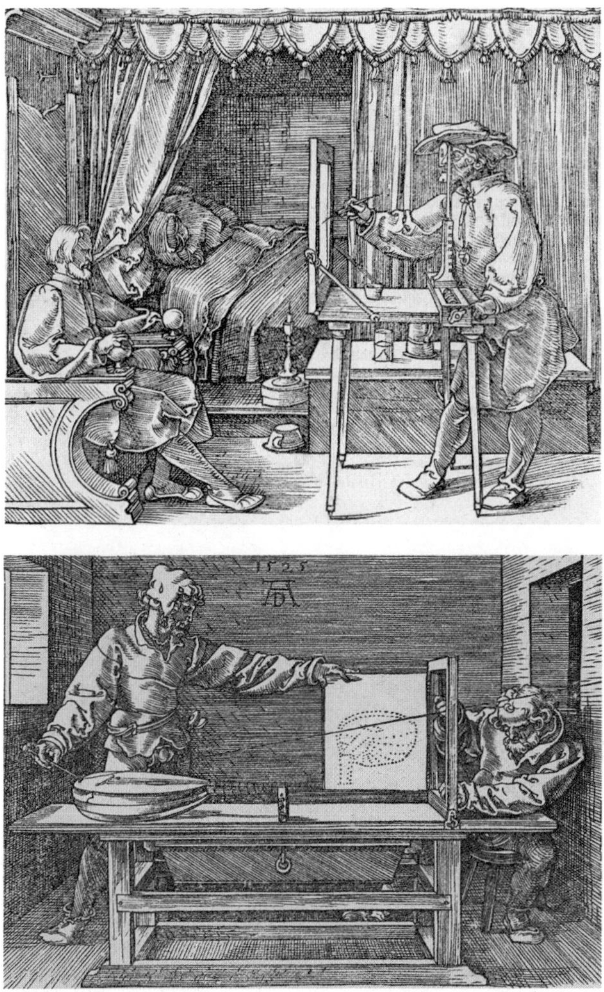

Albrecht Dürer, *Disegnatore dell'uomo seduto* e *Disegnatore del liuto*, incisioni dal *Trattato sulla misura con riga e compasso*, 1525.

Benché ottica e prospettiva siano dunque due studi complementari, i Greci non intrapresero mai il secondo. Ci sono esempi inconsci di prospettiva del secolo VI nelle grotte di Ajanta, in India, e in dipinti cinesi tra i secoli X e XIII, ma le prime realizzazioni consce sembrano essere le due tavole di Brunelleschi dalle quali siamo partiti.

La sua scoperta si diffuse a macchia d'olio, dapprima in Italia e poi all'estero. E quasi immediatamente apparvero le più antiche opere prospettiche rimaste: il *San Giorgio libera la principessa* di Donatello nel 1417, il *Cristo in pietà*

Masolino da Panicale,
Cristo in pietà, 1424.

Masaccio,
Trinità, 1426 ca.

I cinque maestri del Rinascimento fiorentino, XV-XVI secolo. Da sinistra: Giotto, Paolo Uccello, Donatello, Antonio Manetti, Filippo Brunelleschi.

di Masolino da Panicale nel 1424, la *Trinità* di Masaccio nel 1426 circa, e *L'adorazione dell'agnello* dei fratelli Jan e Hubert Van Eyck nel 1432.

La matematica in prospettiva

Poco dopo, nel 1435, fu compilato il primo manuale della nuova tecnica, il *Della pittura* di Leon Battista Alberti. A cui seguirono *La prospettiva per la pittura* di Piero della Francesca verso il 1480, e *La prospettiva artificiale* di Jean Pélerin nel 1505.

Quasi a suggerire un ideale proseguimento della storia che stiamo raccontando, la prima descrizione di una costruzione prospettica che ci è pervenuta riguarda la rappresentazione di una pavimentazione regolare, a piastrelle quadrate. Il soggetto divenne uno dei pezzi da esibizione dell'epoca, anche in opere nelle quali in realtà c'entrava poco: ad esempio, *Il sangue del Redentore* di Giovanni Bellini, del 1460 circa.

Giovanni Bellini, *Il sangue del Redentore*, 1460 ca.

Se le piastrelle vengono viste di fronte, per rappresentarle basta far convergere le linee di profondità in *un punto all'infinito*. E la stessa tecnica permette anche di disegnare cubi o parallelepipedi visti di fronte, quando si mantengano orizzontali i lati orizzontali, verticali quelli verticali.

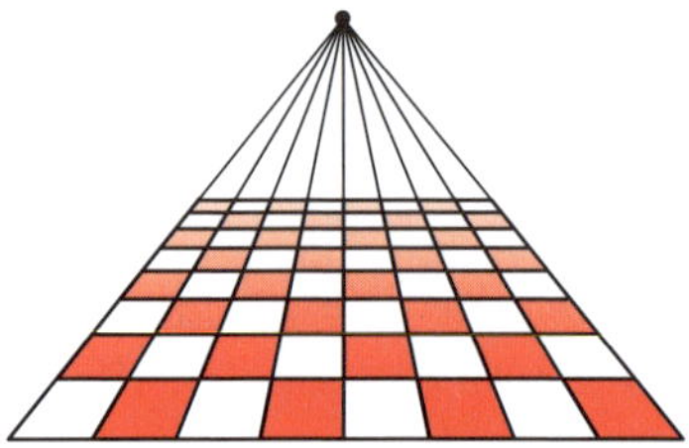
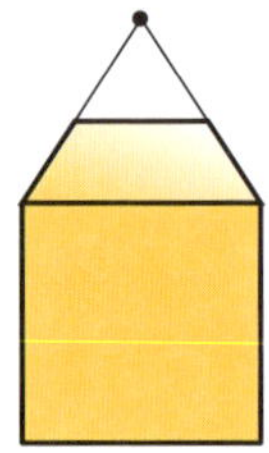

Questa tecnica si chiama *prospettiva centrale*, perché in genere il punto di fuga veniva piazzato al centro della scena. E fu adottata quasi universalmente per tutto il Quattrocento, dalla *Guarigione dello storpio e resurrezione di Tabita* di Masolino nel 1424-25 alla *Scuola di Atene* di Raffaello nel 1508-11.

Se invece le piastrelle vengono viste di spigolo, bisogna far convergere i lati paralleli verso *due punti all'infinito* laterali, che definiscono una *retta all'infinito*. Questa retta, nel caso del quadro di Bellini, sta più o meno all'altezza del braccio orizzontale della croce. La stessa tecnica permette anche di disegnare cubi o parallelepipedi visti di lato, quando si mantengano verticali i lati verticali:

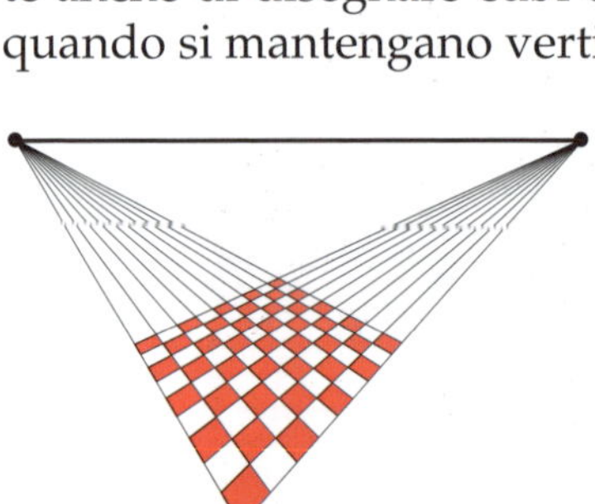
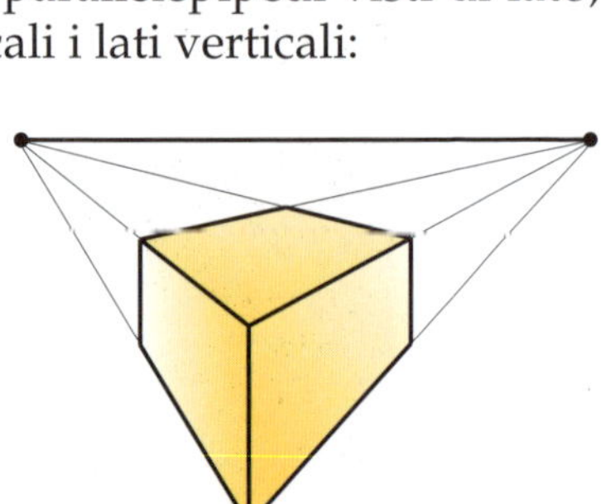

Ma il procedimento può venir esteso anche ai lati verticali, ottenendo questa volta tre punti all'infinito collineari. E si scopre che la retta all'infinito non è altro che la linea oriz-

Masolino da Panicale, *Il banchetto di Erode e la consegna della testa del Battista a Erodiade*, 1435 ca.

Raffaello Sanzio, *La scuola di Atene*, 1508-11.

zontale che passa per uno qualunque dei tre punti all'infinito determinati dalle tre direzioni dei lati: ad esempio, per quello definito dai lati verticali.

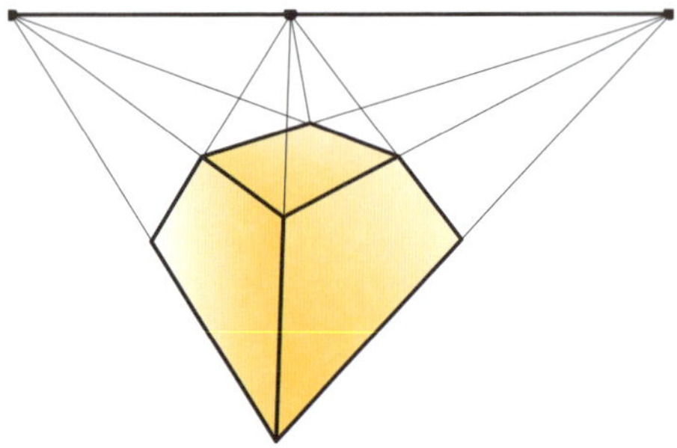

Quadrati e cubi in prospettiva sono però soltanto l'inizio della storia. Il gradino successivo è passare a figure piane e solide più complesse: in particolare, i poligoni e i solidi regolari e semiregolari, e oltre. Qui le cose si complica-

Paolo Uccello, *La battaglia di San Romano*, 1435-40 ca.

no terribilmente, ma i pittori dell'epoca raccolsero coraggiosamente la sfida, lanciandosi a disegnare figure sempre più complicate: come il *mazzocchio* (un nome che significa, non a caso, «accozzaglia»), che era un copricapo usato dai fiorentini per trattenere un panno o un velo e divenne uno dei cavalli di battaglia di Paolo Uccello.

L'ultimo passo è poi l'estensione del procedimento alla prospettiva di oggetti non rettilinei, in particolare cerchi e sfere. Il problema è già affrontato e risolto in uno dei primi dipinti prospettici che ci è pervenuto, la cítata *Trinità* di Masaccio. Nella descrizione del Vasari, che salvò l'affresco quando ristrutturò Santa Maria Novella più di un secolo dopo, «quel che vi è bellissimo, oltre alle figure, è una volta a mezza botte tirata in prospettiva, e spartita in quadri pieni di rosoni, che diminuiscono e scortano così bene, che pare che sia bucato quel muro».

Il punto di fuga della composizione è molto in basso, ai piedi della croce. I vari elementi (le teste dei committenti

e di Dio padre, i chiodi delle mani e dei piedi del crocifisso, gli occhi di Maria, San Giovanni e Cristo...) sono organizzati in una serie di triangoli equilateri, che richiamano ovviamente la Trinità e costituiscono una specie di *yantra*.

Naturalmente, a meno che non vengano osservati da particolari punti di vista, cerchi e sfere non possono essere disegnati circolari. La cosa è sempre stata pacifica per i cerchi, che infatti sono rappresentati come ellissi, o almeno come ovali, già nei dipinti murali di Pompei. Le sfere, invece, sono sempre state rappresentate come cerchi, anche dopo l'introduzione della prospettiva: ad esempio, nella *Scuola di Atene* Raffaello pone globi perfettamente rotondi in mano a Tolomeo e Zoroastro.

Distorcere, per meglio illudere

Il motivo per cui si disegnano scorrettamente le sfere come cerchi è che, altrimenti, gli ovali corretti non verrebbero percettivamente interpretati come sfere! Questo è solo uno degli effetti paradossali generati dalla prospettiva, dovuti al fatto che qualunque immagine prospettica può essere generata in infiniti modi: dunque, la percezione di un dato visivo è sottodeterminata.

L'esempio più spettacolare è appunto quello delle coniche. Tutte le sezioni del cono visivo appaiono infatti come cerchi, all'occhio che sta nel suo vertice, e qualunque differenza tra ellissi, parabole e iperboli scompare.

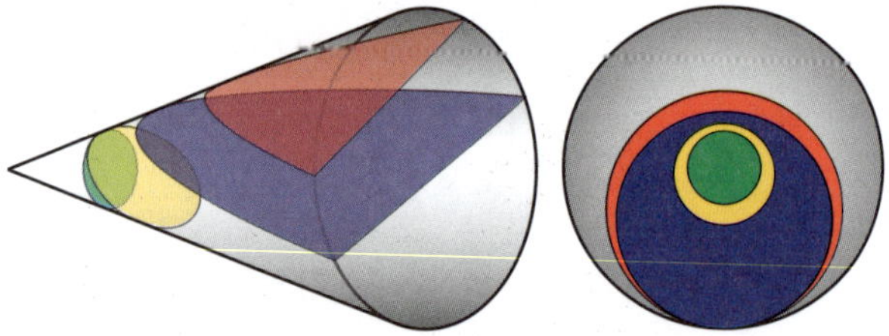

I primi ad accorgersi di uno specifico problema percettivo della prospettiva furono Leonardo e Piero della Francesca, notando che colonne cilindriche vicine possono apparire più strette di quelle lontane. Il motivo è che, al crescere della distanza, l'angolo che la colonna forma con l'occhio diminuisce, ma la corda aumenta. In altre parole, la colonna ci appare più larga perché vediamo una parte maggiore della sua superficie: al limite, cioè all'infinito, ne vedremmo esattamente metà.

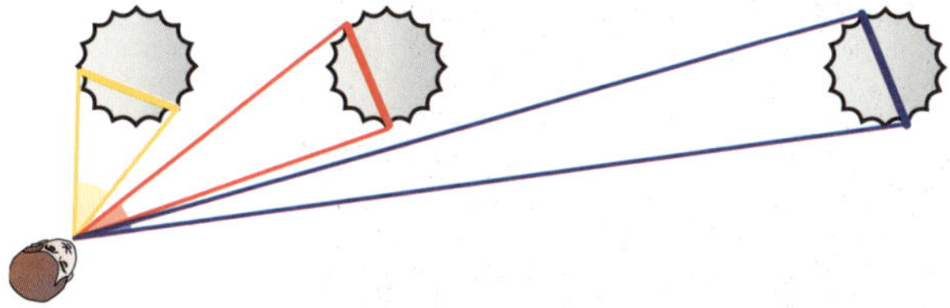

Un analogo problema percettivo fu posto nel 1471 da Regiomontano, che si domandò a quale distanza si vedono meglio una statua o un quadro sopraelevati. La risposta, derivata dalla Proposizione III.21 degli *Elementi* di Euclide, è: quando l'occhio sta su un cerchio passante per gli estremi della statua o del quadro, e tangente al livello di osservazione. Il motivo è che l'angolo di osservazione rimane costante sulla circonferenza, e dunque è minore fuori di essa.

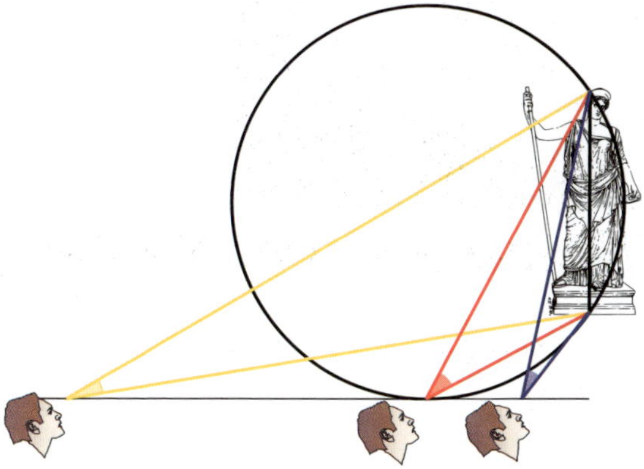

E fu sempre Leonardo il primo a scoprire un complemento paradossale della prospettiva: la cosiddetta *anamorfosi* (da *ana*, «di nuovo», e *morphé*, «forma»), che permette di deformare le figure in maniera tale da farle apparire corrette soltanto da un punto di vista particolare.

Hans Holbein,
Gli ambasciatori, 1533,
e particolare
del teschio deformato
in primo piano,
così come appare
se l'osservatore si pone
in una determinata
posizione.

Emmanuel Maignan,
San Francesco di Paola in preghiera, 1642.
Nella prima immagine
la figura del santo
appare non deformata,
nella seconda assume
la conformazione
del paesaggio
della costa calabra
dove era eremita.

Il più antico esempio conosciuto risale al 1514-15, e si trova appunto nel *Codice Atlantico* di Leonardo. Il più noto è di pochi anni dopo, del 1533, ed è un particolare del quadro *Gli ambasciatori* di Hans Holbein. Il più spettacolare è il *San Francesco di Paola in preghiera* dipinto da Emmanuel Maignan nel 1642, nel chiostro di Trinità dei Monti.

L'anamorfosi non è poi un'impresa così futile, come potrebbe sembrare dalle curiose immagini concepite per essere riflesse in specchi cilindrici o conici, introdotte dai cinesi sotto la dinastia Ming e divenute di moda in Europa nel Seicento. È anche la tecnica necessaria per realizzare affreschi destinati a essere visti di scorcio, o dipinti su superfici curve.

Se ne rese conto a sue spese Michelangelo, uno dei cui motti era che «l'artista deve avere il compasso negli occhi». Quando furono tolte le impalcature alla prima metà del soffitto della Cappella Sistina, egli si accorse infatti che il suo compasso oculare aveva fatto cilecca, e le figure risultavano troppo piccole. Nella seconda metà fu dunque costretto a ingrandirle gradualmente, fino a raggiungere le

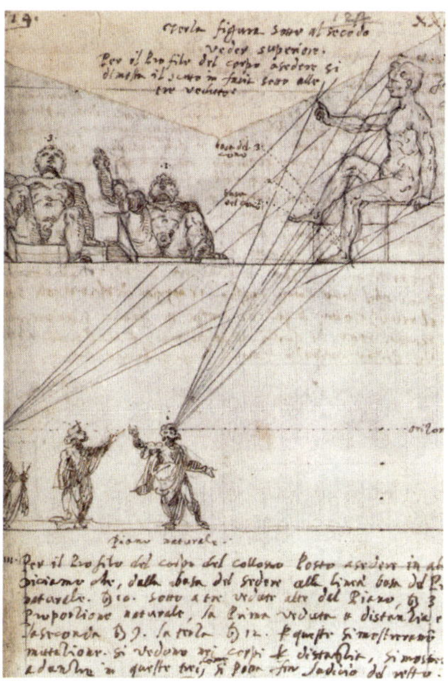

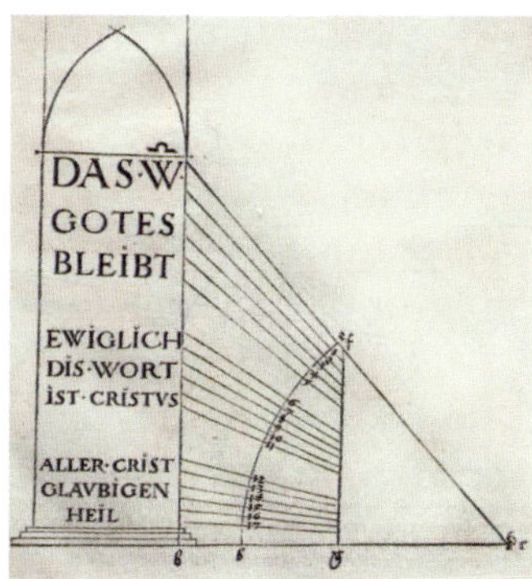

Albrecht Dürer, cambiamento delle dimensioni delle lettere dal *Trattato sulla misura con riga e compasso*, 1525.

Carlo Urbini, riproduzione a penna di un disegno di Leonardo da Vinci dal *Codice Huygens*, 1553-85.

Michelangelo Buonarroti, *Giudizio universale*, 1536-41.

proporzioni corrette. Ma imparò la lezione: quando, una ventina d'anni dopo, dovette dipingere il *Giudizio Universale*, pianificò le figure in alto in modo che fossero molto più grandi di quelle in basso.

Matematicamente, l'errore di Michelangelo era legato al fatto che ad archi uguali corrispondono tangenti angolari non uguali, ma crescenti. Dürer era invece perfettamente conscio della cosa, e nel 1525 dedicò alcune illustrazioni del suo *Trattato sulla misura con riga e compasso* all'argomento.

Il maestro indiscusso di queste tecniche fu però Andrea Pozzo, alla fine del Seicento. Il suo libro *Prospettiva de' pittori e architetti* è meravigliosamente illustrato, e i suoi affreschi in Sant'Ignazio a Roma sono spettacolari. In particolare, una falsa cupola e la *Gloria di sant'Ignazio* si vedono correttamente soltanto da particolari punti, e la volta dà l'illusione di essere una naturale continuazione della struttura della chiesa.

Andrea Pozzo, *Gloria di sant'Ignazio*, 1681-82.

La vera cartomanzia

Benché la prospettiva sia un'idea rinascimentale, i Greci l'avevano parzialmente anticipata per necessità cartografiche: cioè, per proiettare la sfera celeste, o quella terrestre, su un piano e disegnarne una mappa. Al solito, il primo a farlo era stato Ipparco. Al solito, il suo lavoro è andato perduto. E, al solito, ce n'è rimasto uno successivo di Tolomeo: il *Planisfero*.

Nicolaus Germanus, *Oikoumene*, dalla *Cosmographia* di Claudio Tolomeo, edizione del 1482.

Il risultato pratico di quest'ultima opera fu la famosa mappa delle terre abitate chiamata *oikoumene*, «ecumene» o «abitacolo» (da *oikein*, «abitare»), che andava dall'Artico al Nord Africa, e dalle Canarie alla Cina. Essa rimase il riferimento standard per più di un millennio: fino a quando, cioè, i viaggi di Marco Polo e altri ne richiesero aggiornamenti.

Il più noto di questi aggiornamenti fu l'*Erdapfel*, «mela terrestre», che Martin Behaim (Martino di Boemia) pubblicò nel fatidico 1492. Questa mappa rappresentava ormai l'intero globo terrestre, anche se ovviamente senza l'America nell'Oceano Atlantico. E proprio su di essa si basò Cristoforo Colombo per pianificare il suo viaggio di «scoperta».

Riproduzione dell'*Erdapfel* realizzato
nel 1492 da Martin Behaim, fine XIX secolo.

Il metodo impiegato da Tolomeo per disegnare la sua carta è quello che François d'Aguilon, nel suo *Opticorum* del 1613, chiamò *proiezione stereografica polare* (da *stereos*, «solido», e *graphikós*, «disegno»): cioè, la sfera viene proiettata da un punto, considerato come polo, su un piano parallelo al corrispondente equatore.

Pieter Paul Rubens, incisione per il frontespizio dell'*Opticorum*
di François d'Aguilon, 1613.

Più precisamente, ogni punto della sfera viene proiettato su un unico punto sul piano, e viceversa: i punti dell'equatore, su un cerchio; i punti dell'emisfero opposto al polo, dentro quel cerchio; e i punti dell'emisfero del polo, al di fuori. L'unico punto che non viene proiettato è il polo stesso. Esso sta «all'infinito», nel senso che man mano che i punti sulla sfera gli si avvicinano, le loro proiezioni nel piano si allontanano verso l'infinito.

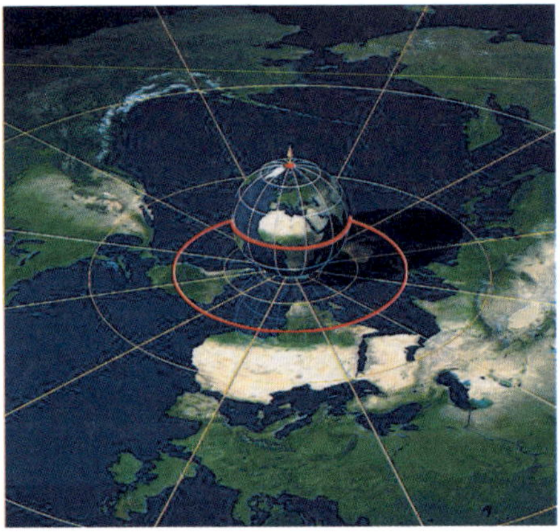

Poiché ovviamente una carta infinita non sarebbe troppo comoda, quello che si fa in genere è effettuare *due* proiezioni stereografiche, da due poli opposti, sul loro comune piano equatoriale. Poi si isola, da ciascuna proiezione, la sezione circolare che mappa l'emisfero opposto: ad esempio, la proiezione dell'emisfero settentrionale dal Polo Sud, e di quello meridionale dal Polo Nord. Infine si uniscono le due mappe parziali, ottenendo la tipica rappresentazione a doppio cerchio degli atlanti.

Nel tentativo di schiacciarla sul piano, la sfera viene ovviamente distorta. Una proprietà utile per una mappa è che essa preservi la *forma* delle regioni sferiche: questo succede, in particolare, se vengono preservati gli angoli formati dai confini. Un'altra proprietà utile è che la mappa preservi l'*area* delle regioni: questo succede, in particolare, se vengono preservati i rapporti fra le distanze. Purtroppo, non è possibile soddisfare entrambe le proprietà (perché altrimenti si preserverebbe anche la curvatura, che è diversa per la sfera e il piano): il meglio che si può fare è, dunque, di soddisfarne almeno una.

La proiezione stereografica soddisfa la prima proprietà, di preservare le forme delle figure: per questo si chiama *conforme*. In essa, i cerchi sulla sfera che non passano per il polo da cui si proietta, rimangono cerchi nella proiezione. E i cerchi sulla sfera che passano per il polo, diventano rette.

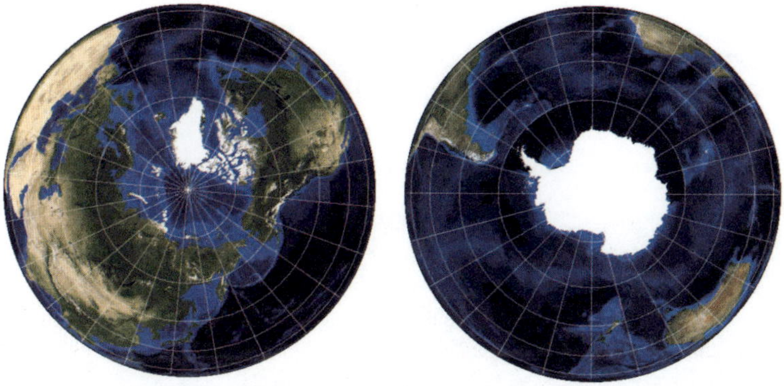

Ad esempio, nel caso delle carte geografiche ottenute per proiezione dai due poli terrestri, i paralleli diventano cerchi concentrici, e i meridiani rette passanti per il centro. Purtroppo, i continenti appaiono tagliati, e dunque in genere si preferiscono carte ottenute per proiezione da due «poli» sull'Equatore: in tal caso, sia i paralleli che i meridiani diventano archi di cerchio. Eccetto l'Equatore e il meridiano frontale, che diventano rette.

L'*Erdapfel* di pagina 69 illustra quest'ultimo tipo di proiezione, ma le carte oggi usuali preferiscono mantenere paralleli i paralleli, giustamente. Il che richiede proiezioni ortogonali (da *orthós*, «retto», e *gonia*, «angolo»), da punti all'infinito. Se si proietta ortogonalmente da due soli punti antipodali all'infinito, si ottiene la *proiezione ortografica* già usata da Ipparco, così chiamata da Vitruvio e popolarizzata da d'Aguilon.

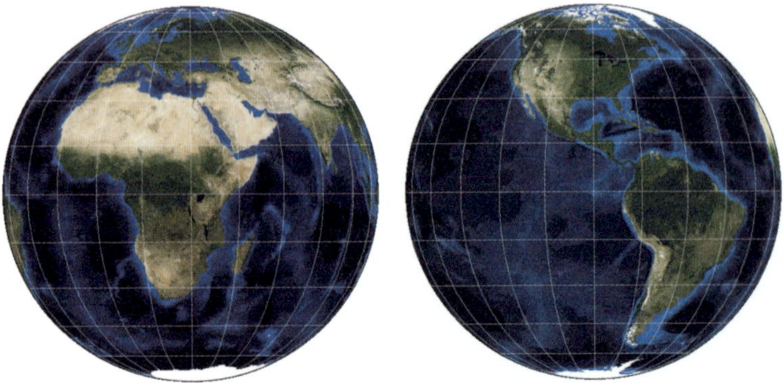

Se si proietta invece dall'intera retta all'infinito, si ottiene la *proiezione ortogonale centrale* introdotta da Johann Heinrich Lambert nel 1772. Cioè, la sfera viene proiettata perpendicolarmente all'asse, su un cilindro che avvolge l'Equatore.

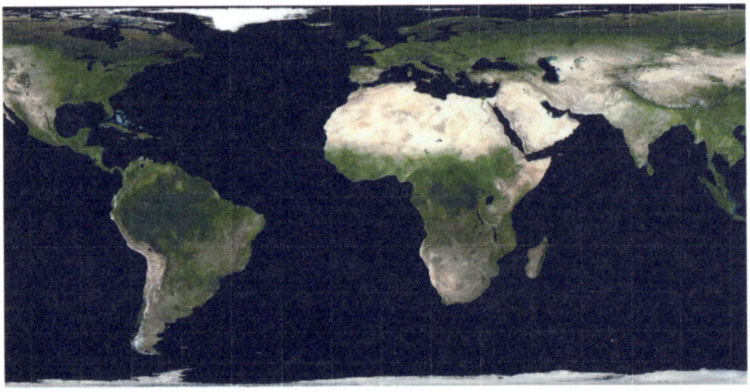

La proiezione ortogonale centrale soddisfa la seconda proprietà discussa in precedenza, di preservare le aree delle figure. Il motivo è semplice: la proiezione di un quadratino sulla sfera è un rettangolino sul cilindro, che ha la base più larga, a causa della maggiore estensione del cilindro, ma l'altezza più corta, a causa della maggiore inclinazione della sfera. E, miracolosamente, i due effetti si compensano a vicenda. Dunque, l'area del rettangolino sul cilindro è uguale a quella del quadratino sulla sfera.

Volendo fare i calcoli, consideriamo una sfera di raggio r, e una sua sezione circolare orizzontale, formante rispetto alla verticale un angolo al centro α. Per il teorema sui triangoli simili, la proiezione sul cilindro di un arco della sezione subisce un allargamento pari al rapporto fra il raggio r del cilindro, e il raggio $r \sin \alpha$ della sezione: cioè, $1/\sin \alpha$. La proiezione di un segmento tangente al cerchio, che forma quindi un angolo di $90° - \alpha$ rispetto alla verticale, subisce invece un accorciamento pari a $\cos (90° - \alpha)$: cioè, $\sin \alpha$. E i due fattori si annullano a vicenda.

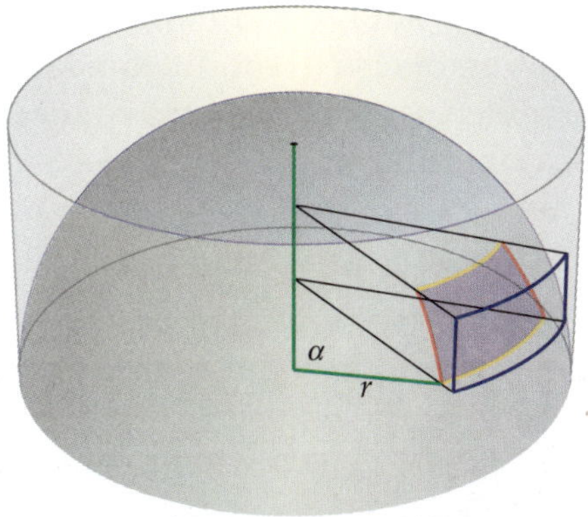

Come conseguenza immediata, si ottiene una nuova dimostrazione della scoperta di Archimede che *la superficie S della sfera è pari a* $4\pi r^2$. Poiché la proiezione cilindrica preserva le aree, S è infatti uguale alla superficie laterale del cilindro in cui la sfera è inscritta. E poiché la base della superficie laterale del cilindro è pari alla circonferenza massima della sfera ($2\pi r$), e l'altezza è pari al diametro ($2r$), si ottiene appunto

$$S = 4\pi r^2$$

Nella pratica cartografica, non viene però usata nessuna delle due proiezioni che abbiamo considerato finora. Dal 1569 si preferisce infatti la famosa *proiezione di Mercatore*. Che prende il nome da Gerhard Kremer, il cui cognome significa «mercante»: da cui, appunto, «Mercatore». Ma che non è affatto una proiezione! Piuttosto, è un'astuta deformazione matematica della *proiezione cilindrica centrale*, in cui la sfera viene proiettata dal centro su un cilindro infinito che l'avvolge.

Quest'ultima proiezione ha vantaggi e svantaggi. Fra i primi, il fatto che, come nella proiezione ortogonale centrale, sia i paralleli sia i meridiani, vengono rappresentati come due fasci di rette parallele, ortogonali fra loro. Fra i secondi, il fatto che, come nella proiezione stereografica, la rappresentazione è infinita, e si distorce quanto più ci si avvicina ai poli, che stanno appunto «all'infinito».

Per mantenere i vantaggi ed eliminare gli svantaggi, nel 1569 Mercatore decise di modificare la proiezione cilindrica, facendo crescere anche lungo i meridiani la scala, della stessa quantità di cui essa cresce lungo i paralleli. Questo rende unica la rappresentazione, e fa sì che essa preservi gli angoli formati dalle curve, e dunque la forma delle regioni.

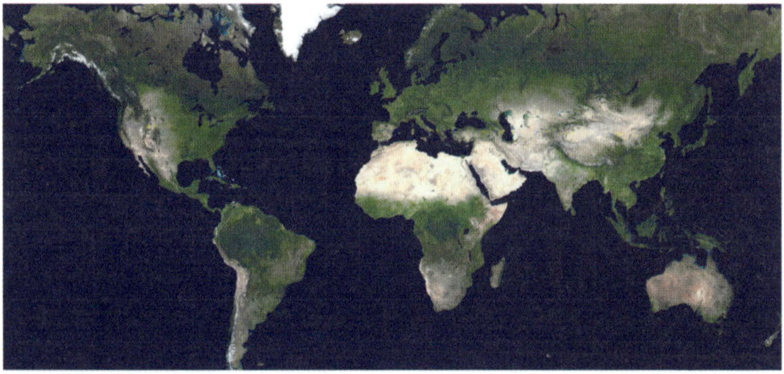

Le rette parallele si incontrano, finalmente

Un paio di secoli di prospettiva e di anamorfosi, per non parlare di un millennio e mezzo di cartografia, crearono le condizioni perché si potesse infine gettare uno sguardo nuovo sulla geometria. Il primo a farlo fu Girard Desargues: non a caso, un amico di Jean-François Niceron, il massimo esperto mondiale di anamorfosi, e autore nel 1638 di un testo sulla *Prospettiva curiosa*.

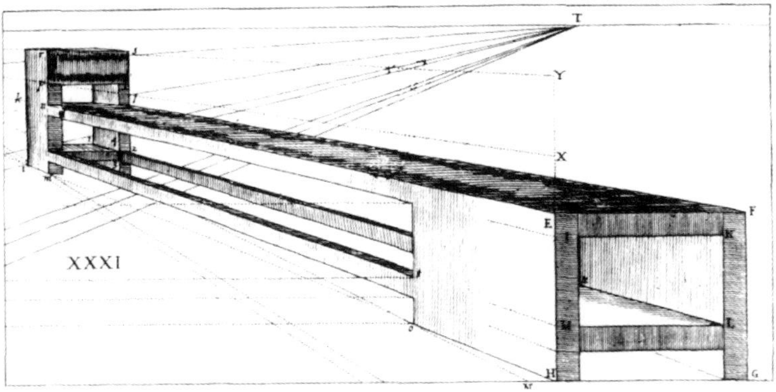

Jean-François Niceron, *Anamorfosi di una sedia*, 1638.

L'anno seguente, a sua volta, Desargues pubblicò un *Abbozzo di un progetto d'indagine sulle conseguenze delle intersezioni del cono con un piano*. Naturalmente, cosa succede lo sapevano già i Greci, e lo sappiamo anche noi: si formano le sezioni coniche. Ma Desargues propose di adottare il punto di vista della prospettiva, e di guardare queste sezioni dal vertice del cono. In tal caso, come abbiamo già accennato, la differenza tra ellissi, parabole e iperboli scompare, e di sezione conica ne rimane una sola: il cerchio.

Lo stesso punto di vista permette anche di far scomparire un'altra differenza: quella tra rette incidenti, che si incontrano in un punto, e rette parallele, che non si incontrano mai. Poiché nella prospettiva queste ultime si dirigono verso un comune punto di fuga, Desargues propose di aggiungere a ciascuna retta euclidea un *punto all'infinito*, che coincide con il punto all'infinito di tutte le rette a essa parallele.

L'aggiunta rende simmetrico il rapporto fra rette e punti, che nella geometria euclidea non lo era. Dati due punti, infatti, era sempre vero che essi individuavano una e una sola retta. Ma date due rette, non era sempre vero che esse individuavano uno e un solo punto: lo era soltanto quando le rette non erano parallele. Con l'aggiunta dei punti all'infinito, Desargues poté invece basare la *geometria proiettiva* su due assiomi completamente simmetrici:

1. *Due punti individuano una e una sola retta.*
2. *Due rette individuano uno e un solo punto.*

Il primo assioma di Desargues è analogo al primo dei postulati di Euclide. Il secondo, invece, sostituisce il quinto postulato di Euclide, sulle parallele. Ovviamente, nella geometria proiettiva di parallele non ce ne sono più, e due rette si incontrano sempre: o al finito, o all'infinito. E poiché il loro punto d'incontro è unico, non ci può essere soltanto *un* punto all'infinito: se no, due rette incidenti si incontrerebbero sia al finito, che nell'unico punto all'infinito.

Dunque, ci dev'essere un'intera *retta all'infinito*, che aggiunta al piano euclideo costituisce il *piano proiettivo*. Il modo più semplice per visualizzare quest'ultimo è di partire da un piano euclideo *p* e da un punto *P* fuori di esso. Allora:

- I *punti proiettivi* si possono pensare come le rette euclidee che passano per *P*. I punti al finito sono le rette che intersecano *p* (e lasciano su *p* un punto euclideo come traccia). I punti all'infinito, invece, sono le rette che non intersecano *p*: cioè, quelle parallele a *p*.
- Le *rette proiettive* si possono pensare come i piani euclidei che passano per *P*. Le rette al finito sono i piani che intersecano *p* (e lasciano su *p* una retta euclidea come traccia). La retta all'infinito, invece, è il piano che non interseca *p*: cioè, quello parallelo a *p*.
- Le *curve proiettive* sono insiemi di punti proiettivi, cioè fasci di rette euclidee che passano per *P*. Quando il fascio di rette è un cono col vertice in *P*, si ottengono in particolare le *sezioni coniche proiettive*.

Che due rette proiettive siano sempre incidenti, deriva allora dal fatto che i due relativi piani euclidei hanno sempre in comune il punto *P*. Se due piani si incontrano in un punto, infatti, si incontrano su un'intera retta euclidea: dunque, hanno in comune un punto proiettivo.

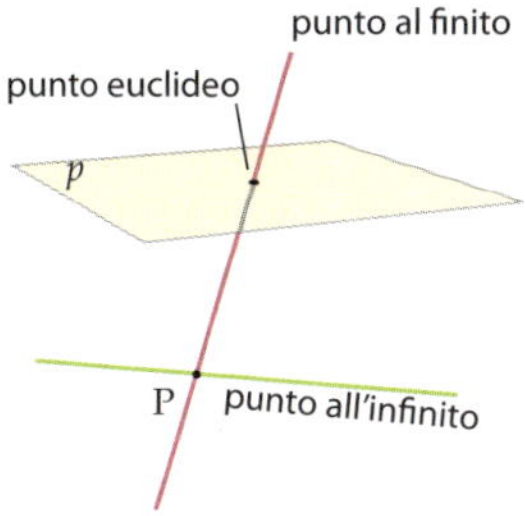

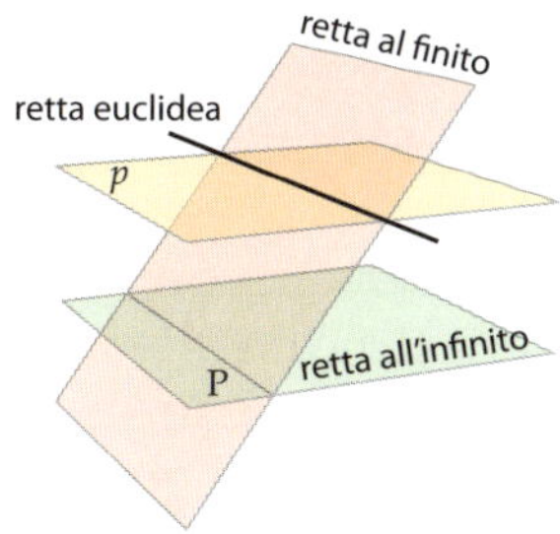

E che tutte le coniche proiettive siano indistinguibili, deriva dal fatto che corrispondono tutte a coni aventi il vertice in *P*. L'unica loro differenza sta nel modo in cui il piano euclideo parallelo a *p*, cioè la retta proiettiva all'infinito, taglia il cono stesso. Se solo in un punto, sul piano euclideo *p* si ottiene come traccia un'ellisse. Se in una retta, cioè in un punto all'infinito, si ottiene una parabola. E se in due rette incidenti, cioè in due punti all'infinito, si ottiene un'iperbole.

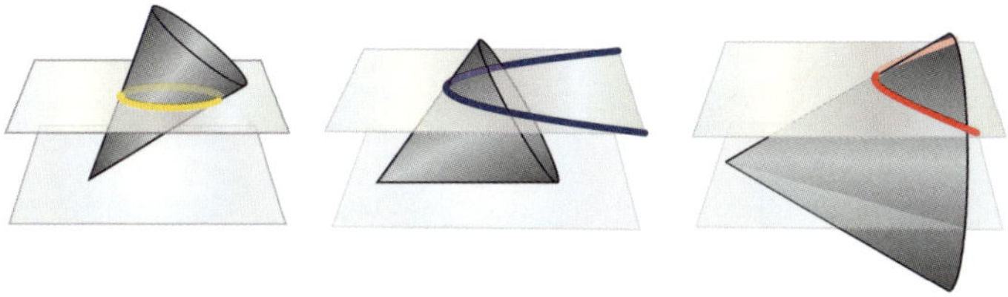

La visione proiettiva di Desargues porta dunque a capire che la differenza tra le sezioni coniche euclidee sta nel fatto che *le ellissi non hanno punti all'infinito, le parabole ne hanno uno solo, e le iperboli due*. Ma poiché, dal punto di vista proiettivo, i punti all'infinito sono punti come tutti gli altri, *le coniche proiettive sono tutte equivalenti*.

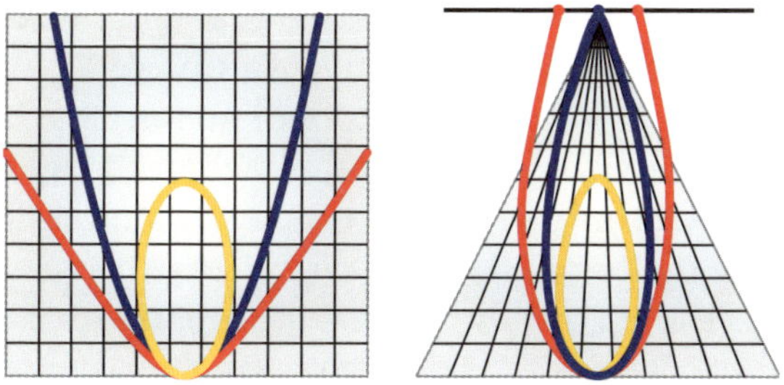

Un teorema piano veramente spaziale

La nuova geometria proiettiva non si limitò a interpretare in maniera innovativa la geometria classica, e in particolare le sezioni coniche. Produsse anche nuovi risultati originali e tipicamente proiettivi, il primo dei quali dovuto a Desargues stesso.

Oggi lo si chiama giustamente *teorema di Desargues*, e afferma che *se due triangoli sono in prospettiva centrale da un punto, sono anche in prospettiva assiale da una retta, e viceversa.* Detto più esplicitamente: se le tre rette che uniscono i vertici corrispondenti di due triangoli si incontrano in uno stesso punto, allora i tre punti che si ottengono intersecando i lati corrispondenti stanno su una stessa retta, e viceversa.

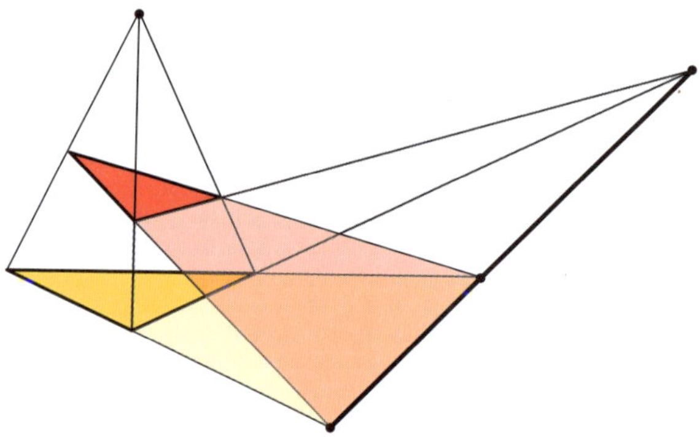

Visto come relazione tra due triangoli nello spazio, il teorema è abbastanza intuitivo. In una direzione, basta osservare che se i due triangoli sono in prospettiva da un punto, allora sono due sezioni planari di una piramide triangolare, e i due piani secanti si incontrano in una retta. Viceversa, se i due triangoli sono in prospettiva da una retta, allora i tre piani che contengono i lati corrispondenti formano le facce di un prisma triangolare, i cui tre lati si incontrano in un punto.

Visto invece come relazione tra due triangoli nel piano, il teorema è molto più sottile. Desargues capì che in questo caso era necessaria una dimostrazione separata e diversa, che diede nel suo lavoro del 1639. Una possibile dimostrazione consiste comunque nel prendere un punto fuori dal piano, «spazializzare» la configurazione sul piano, usare la versione spaziale del teorema, e riproiettare di nuovo il tutto sul piano.

Solo nel 1899 si capì cosa stava dietro a questo doppio aspetto, spaziale e planare, del teorema di Desargues. Nei *Fondamenti di geometria*, David Hilbert dimostrò infatti che il teorema di Desargues è la proprietà caratteristica delle geometrie piane che si possono immergere in geometrie spaziali.

In altre parole, esseri bidimensionali costretti a vivere sul piano, e impossibilitati a sperimentare percettivamente lo spazio, possono comunque dedurne l'esistenza, o almeno la possibilità, dal teorema di Desargues. Come la Grazia nel Catechismo, esso è dunque un segno visibile, o tangibile, di qualcosa di invisibile, o intangibile.

I pensieri seri di Pascal

Benché in seguito sia stato dimenticato per duecento anni, il lavoro di Desargues circolò fra gli intellettuali che si riunivano attorno a padre Marin Mersenne, un frate dell'ordine dei Minimi, passato alla storia della matematica per i numeri primi che portano il suo nome. Oltre a Desargues, di questo circolo facevano parte sia Niceron, anch'esso frate dello stesso ordine, sia l'avvocato Étienne Pascal.

Costui era un po' come Leopold Mozart, nel senso che spinse il figlio Blaise e le sue due sorelle a una vita precocemente competitiva, impartendo loro un'educazione eccessiva e prematura. A ventitré anni il fragile Blaise cadde sotto l'influsso fondamentalista dei giansenisti. E a trentuno, il 23 novembre 1654, impazzì. Lo testimonia lo sconclusionato *Memoriale* che scrisse quella stessa sera, pieno di frasi senza senso. Ma gelosamente conservato tutta la vita, cucito in una tasca. E ritrovato dopo la sua morte:

> Fuoco.
> «Dio di Abramo, Dio di Isacco, Dio di Giacobbe»,
> non dei filosofi e dei sapienti.
> Certezza. Certezza. Sentimento. Gioia. Pace.
> Dio di Gesù Cristo.

Deum meum et Deum vestrum.
«Il tuo Dio sarà il mio Dio.»
Oblio del mondo e di tutto, fuorché di Dio.
Lo si trova soltanto per le vie insegnate dal Vangelo.
Grandezza dell'anima umana ...

La religione e il misticismo erano comunque soltanto effetti, o concause, della sua trasformazione. Pascal era infatti reduce da un grave incidente in carrozza sul ponte di Neuilly, durante il quale aveva battuto la testa. In seguito soffrì per tutta la vita di forti emicranie. E quando morì nel 1662, a soli trentanove anni, l'autopsia rivelò evidenti lesioni cerebrali.

Comunque sia andata, dopo il 1654 Pascal entrò nei «solitari» dell'abbazia di Port-Royal, dove già stava anche la sorella. Oggi lo si ricorda quasi soltanto per i confusi *Pensieri* nei quali sprecò il suo talento, ma in gioventù aveva fatto vedere di cosa sarebbe stato capace, se fosse stato risparmiato dalla conversione.

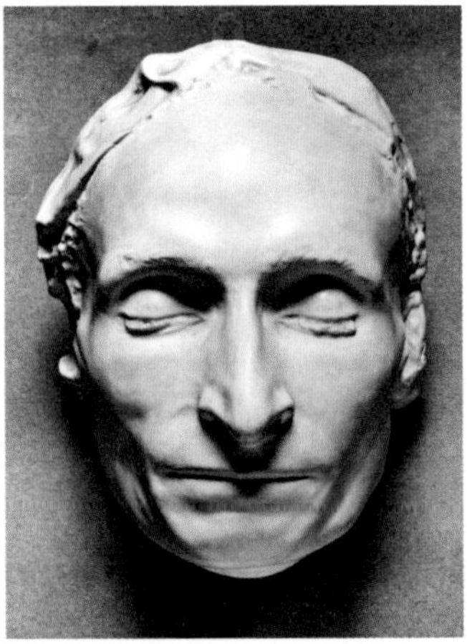

Maschera funebre di Blaise Pascal, 1662.

In particolare, nel 1639, a soli sedici anni, si era entusiasmato alla lettura del saggio di Desargues. E l'anno dopo aveva scritto un breve *Saggio sulle coniche*, nel quale è enunciato un meraviglioso teorema proiettivo: *se un esa-*

gono è inscritto in una conica, allora le tre intersezioni dei lati opposti stanno su una stessa retta. La dimostrazione originale di Pascal è andata perduta, così come il lungo *Trattato sulle coniche* che scrisse in seguito, e di cui il *Saggio* era solo un... assaggio.

Ma sappiamo che egli aveva intuito la completa generalità del suo teorema. In particolare, il fatto che per «esagono» si può intendere qualunque poligonale chiusa a sei vertici e sei lati, non necessariamente convessa. Anzi, Pascal privilegiò una strana configurazione intrecciata, che chiamò *esagramma mistico*: evidentemente, già nell'adolescenza era ben disposto a ciò che il destino gli avrebbe riservato nella maturità.

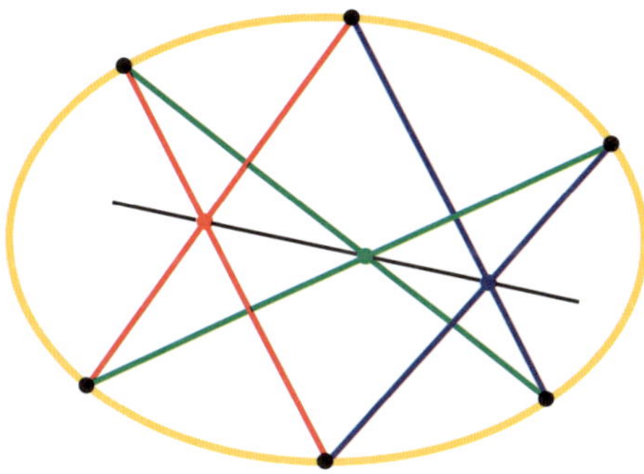

Oggi ci sono molti modi di dimostrare il teorema. Il più elegante è forse quello che usa il *Calcolo geometrico* pubblicato da Giuseppe Peano nel 1888. E che consiste semplicemente, per chi lo conosce, nell'interpretare in due modi diversi l'equazione:

$$(AB \cdot DE)\,(AF \cdot CD)\,(EF \cdot BC) = 0$$

Da un lato, l'esagono costituito dai sei punti A, B, C, D, E, F è inscritto in una conica, perché l'equazione è quadratica: ogni punto vi compare, infatti, esattamente due volte. Dall'altro lato, i tre punti ottenuti intersecando i prolungamenti di lati opposti (cioè i tre termini in parentesi) sono collineari, perché il loro prodotto è zero.

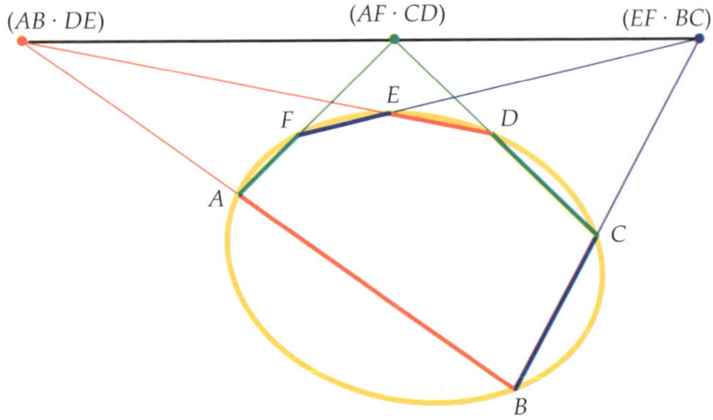

Come corollario, l'equazione precedente mostra che non soltanto è vero l'enunciato di Pascal, ma anche il suo contrario: cioè, *se le tre intersezioni dei lati opposti di un esagono stanno su una stessa retta, allora l'esagono è inscritto in una conica*. Quest'ultimo fu pubblicato per la prima volta nel 1733 da William Braikenridge nell'*Esercitazione geometrica*, ma era stato notato indipendentemente nello stesso periodo anche da Colin Maclaurin. E la concomitanza generò una delle furiose e inutili dispute di priorità che costellano la storia della matematica.

Poteri duali

Gli assiomi della geometria proiettiva sono assolutamente simmetrici: si ottengono uno dall'altro, scambiando i punti con le rette, e le rette con i punti.

Anche il teorema di Desargues presenta questa simmetria. Sono infatti in ballo 10 punti (i sei vertici dei due triangoli, le tre intersezioni dei lati corrispondenti, e il centro di simmetria) e 10 rette (i sei lati dei due triangoli, le tre rette che uniscono i vertici corrispondenti, e l'asse di simmetria). Inoltre, ciascuno dei 10 punti può essere preso come centro di simmetria: il che determina automaticamente due triangoli corrispondenti, attraverso i loro vertici. In modo analogo, ciascuna delle 10 rette può essere presa come asse di simmetria.

Tutto ciò lascia intuire che nella geometria proiettiva sia in gioco qualche *principio di dualità*. Questo principio fu enunciato per la prima volta dal generale Jean-Victor Poncelet nel *Trattato delle proprietà proiettive delle figure*, scritto in una prigione russa, in seguito alla disastrosa campagna napoleonica. Il libro rilanciò nel 1822 l'argomento, dopo un oblio di due secoli in cui erano caduti i pionieristici risultati di Desargues e Pascal. Secondo Poncelet, *se in un teorema della geometria proiettiva si scambiano fra loro i punti con le rette, e viceversa, si ottiene ancora un teorema.*

Applicando il principio al teorema di Desargues, si scopre che una direzione del suo enunciato («se due triangoli sono in prospettiva da un punto, sono anche in prospettiva da una retta») è il duale dell'altra direzione («se due triangoli sono in prospettiva da una retta, sono anche in prospettiva da un punto»). L'intero enunciato è dunque autoduale, e non si ottiene niente di nuovo. Anche se ci si accorge che basta, appunto, dimostrare metà del teorema, per avere automaticamente anche l'altra metà.

Ma se si applica il principio al teorema di Pascal e al suo inverso («le tre intersezioni dei lati opposti di un esagono stanno su una stessa retta se e solo se l'esagono è inscrivibile in una conica»), si ottiene un nuovo teorema, genuinamente duale, dimostrato nel 1810 da Charles-Julien Brianchon: *le tre diagonali che collegano i vertici opposti di un esagono si incontrano in uno stesso punto se e solo se l'esagono è circoscrivibile a una conica.*

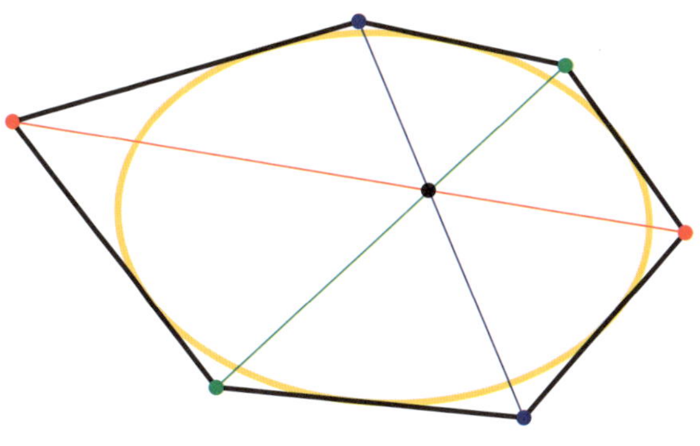

Sia Poncelet che Brianchon, i cui nomi sono associati alla riscoperta e al *revival* della geometria proiettiva, erano francesi. E francesi erano anche, ovviamente, Desargues e Pascal, che avevano scoperto l'argomento due secoli prima. Come vedremo in seguito, la geometria proiettiva cessò però presto di essere un'impresa nazionale francese, e divenne nell'Ottocento la branca più universale, oltre che la più feconda, della matematica.

III

Un visionario cieco

Eulero

La città portuale di Danzica, sul mar Baltico, è stata contesa per secoli da tedeschi e polacchi. Dopo alterne vicende, alla fine della prima guerra mondiale divenne indipendente grazie al trattato di Versailles, come libera città sotto il controllo della Società delle Nazioni.

Nel 1938 Hitler ne reclamò il possesso, e il rifiuto opposto dalla Polonia alle sue pretese provocò il 1° settembre 1939 l'invasione tedesca del paese e l'inizio della seconda guerra mondiale. L'oggetto del contendere era la concessione alla Germania del cosiddetto «corridoio di Danzica», che le avrebbe permesso di collegare la Prussia occidentale a quella orientale. Cioè a Königsberg, il porto sul mar Baltico che dopo la sconfitta dei nazisti fu assegnato dalla Conferenza di Potsdam all'Unione Sovietica, e assunse il suo attuale nome di Kaliningrad.

In filosofia il nome di Königsberg è associato a Immanuel Kant, che vi nacque, studiò, insegnò, contemplò il cielo stellato, morì e fu sepolto. In matematica, invece, quel nome rievoca invariabilmente il famoso *problema dei sette ponti*. Questo problema, che gli abitanti della città si erano posti fin dal Seicento, nasceva dal fatto che a Königsberg confluivano due fiumi, i quali formavano un isolotto e dividevano il territorio in quattro parti. I collegamenti erano forniti da sette ponti, che nessuno era mai riuscito a percorrere tutti di seguito senza passare due volte su qualcuno di essi.

Veduta di Königsberg, in un'incisione
di Matthäus Merian, XVI secolo.

Il Ciclope di corte

Il problema dei ponti di Königsberg venne risolto da Leonhard Euler (Eulero): cioè, dal massimo matematico del Settecento e uno dei quattro o cinque più grandi della storia, insieme ad Archimede, Newton, Gauss e un moderno a piacere.

Le sue innumerevoli opere spaziano dalle *Lettere a una principessa tedesca*, un meraviglioso e tuttora ineguagliato libro di divulgazione, all'*Introduzione all'analisi infinitesimale*, definito «il libro di testo matematico più importante dei tempi moderni», al livello degli *Elementi* di Euclide.

Ma è stata soprattutto la sua vista d'aquila intellettuale a lasciare un segno nella storia della matematica, e a permettergli di avvistare spesso nuovi campi di indagine. Ironicamente, Eulero aveva perso la vista fisica dall'occhio destro a trentun anni, nel 1738, in seguito a una febbre quasi mortale: per questo Federico il Grande, che l'aveva assunto all'Accademia delle Scienze di Berlino, lo chiamava «il mio Ciclope». Trent'anni dopo, una

Jakob Emanuel Handmann,
Ritratto di Leonhard Euler, 1753.

cataratta gli tolse anche la vista dall'occhio sinistro, rendendolo completamente cieco.

La sua produzione scientifica non fu comunque intralciata da queste difficoltà fisiche, e neppure da quelle famigliari, derivate da una nidiata di tredici figli. Per un intero *secolo*, ovviamente ben oltre la sua morte avvenuta nel 1783, i lavori di Eulero costituirono infatti *metà* di tutte le pubblicazioni dell'Accademia delle Scienze di San Pietroburgo, dov'egli aveva speso una quindicina d'anni agli inizi e altrettanti alla fine della sua carriera. Come se non bastasse, nei venticinque anni passati all'Accademia delle Scienze di Berlino, aveva esaurito *metà* delle pubblicazioni pure di questa.

Ovviamente, a permettere una produzione del genere fu in parte una memoria prodigiosa, che consentiva a Eulero non solo di recitare l'*Eneide* a memoria, ma anche di indicare i versi iniziali e finali di ciascuna pagina della sua edizione preferita. Memoria, genialità e produttività non gli impedirono comunque di essere un noioso bigotto, autore di una *Difesa della Divina Rivelazione contro le obiezioni dei li-*

beri pensatori, e di venir bollato da Voltaire come «il matematico noto per aver riempito di calcoli il maggior numero di pagine nel minor tempo possibile».

Meno guasconamente, il suo lascito matematico ammonta a un'incredibile varietà di concetti e risultati, che portano tutti il suo nome: non solo teoremi e congetture, ma anche formule, regole, leggi, criteri, identità, equazioni, disuguaglianze, caratteristiche, operatori, trasformazioni, funzioni, somme, derivate, integrali, polinomi, numeri, costanti, parametri, punti, rette, angoli, triangoli, cammini, grafi, diagrammi...

Senza dimenticare, naturalmente, quella che viene spesso considerata *la più bella formula della matematica*, perché unisce i più importanti numeri interi (0 e 1), reali (π ed e) e complessi (i), mediante le più importanti operazioni (addizione, moltiplicazione ed esponenziazione) e la più importante relazione (uguaglianza), in un'unica espressione concisa ed elegante:

$$e^{i\pi} + 1 = 0$$

L'*opera omnia* di Eulero è contenuta in un'ottantina di volumi, equamente divisi tra matematica pura (teoria dei numeri, algebra, analisi) e applicata (astronomia, meccanica, ottica, dinamica dei fluidi). Quattro dei volumi sono dedicati alla geometria, per un totale di milleseicento pagine. I risultati che racconteremo non sono dunque che gocce in un oceano, e possono solo dare una vaga immagine del più produttivo genio matematico che sia mai esistito.

Genio pontieri

Nel 1736, quando ancora ci vedeva, Eulero fu sfidato a risolvere il problema dei ponti da un matematico di Königsberg di nome Christian Goldbach. E trovò immediatamente quella che poi pubblicò col titolo di *Soluzione di un problema di geometria dei siti*, in due passi. Anzitutto, schematizzò i sette collegamenti fra le quattro parti della città con quello che oggi viene chiamato *grafo*.

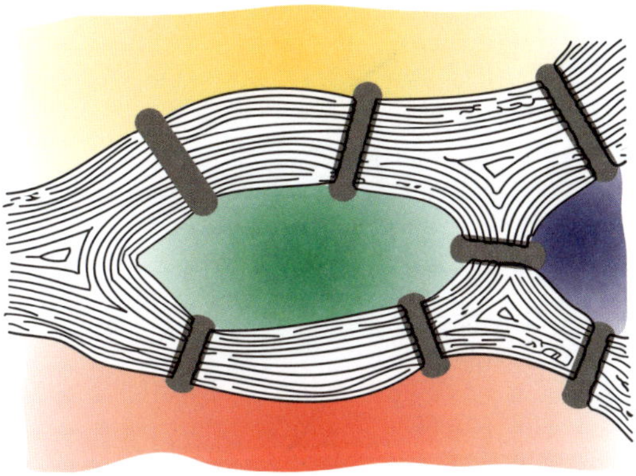

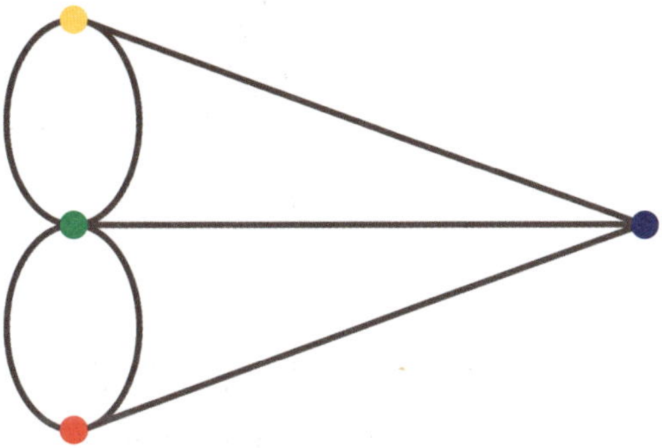

E poi si limitò a notare che se si vuole arrivare in una località per una strada e ripartirne da un'altra, senza mai passare due volte per lo stesso percorso, il numero di strade che confluiscono in quella località dev'essere pari. Purtroppo, questo non avviene non solo per qualcuna, ma addirittura per nessuna delle località collegate dai sette ponti! Passarli tutti di seguito, una e una sola volta, è dunque impossibile.

L'osservazione di Eulero fu il punto di partenza della cosiddetta *teoria dei grafi*, che studia le proprietà dei diagrammi costituiti da punti collegati da linee. O, come si dice in maniera più tecnica, le proprietà dei *grafi*, costituiti da *vertici* o *nodi*, collegati da *lati* o *spigoli*. Tipici esempi di grafi sono i collegamenti stradali, le reti di tubature, i circuiti elettrici o elettronici, le strutture molecolari, eccetera.

Il problema affrontato da Eulero non è che un caso particolare della ricerca di quelli che, in suo onore, vengono chiamati *cammini euleriani*: percorsi, cioè, che passano attraverso tutti i lati di un grafo una volta, e una volta sola. Basta un bambino, almeno di quelli che piacevano a Lewis Carroll, per trovare un tale percorso sui tre quadrati intrecciati che egli amava proporre ai suoi piccoli amici, o sugli equivalenti tre cerchi intrecciati. Ma c'è bisogno dell'osservazione di Eulero per accorgersi che la cosa è impossibile per il grafo costituito dai lati e le diagonali di un quadrato.

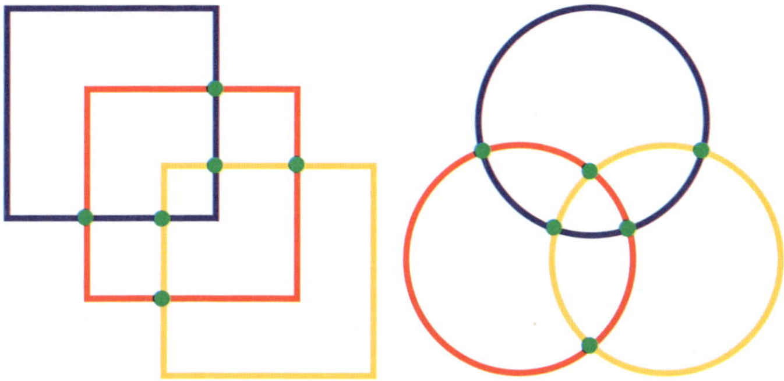

Morte di un commesso viaggiatore

Un problema simmetrico a quello di trovare cammini euleriani consiste nella ricerca di quelli che vengono invece chiamati *cammini hamiltoniani*: percorsi, cioè, che passano attraverso tutti i vertici del grafo una volta, e una volta sola.

Essi prendono il nome da William Hamilton, un matematico irlandese che nel 1857 mise in circolazione un *Gioco icosiano*, costituito da un dodecaedro di legno con dei chiodi nei 20 vertici, intorno ai quali si poteva avvolgere un cordino: il gioco consisteva nel farlo passare per tutti i vertici, una volta e una volta sola.

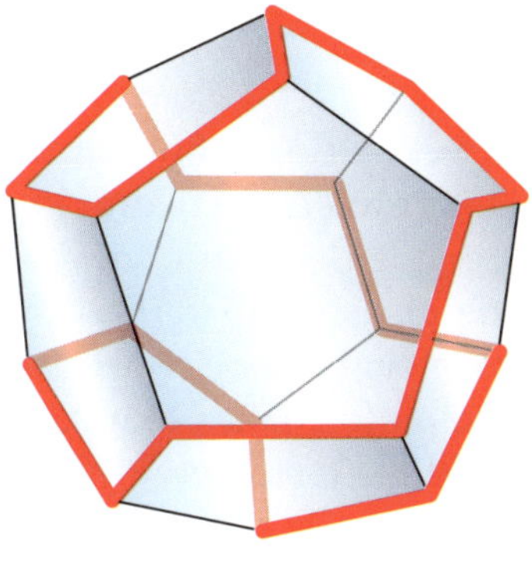

Entrambi i tipi di cammini discussi hanno innumerevoli applicazioni pratiche. Ad esempio, a trovare cammini euleriani sono costretti ogni giorno coloro che distribuiscono la posta, raccolgono i rifiuti o puliscono le strade, se vogliono svolgere in maniera efficiente il loro lavoro. Di trovare cammini hamiltoniani si devono invece preoccupare i corrieri che consegnano pacchi a domicilio, i medici che vanno a visitare i propri mutuati a casa, e più in generale i commessi viaggiatori: tanto che, spesso, si parla appunto semplicemente di *problema del commesso viaggiatore*.

Soluzione del problema del commesso viaggiatore
per 16.862 città italiane.

Mentre dalle osservazioni di Eulero si può dedurre non solo se per un dato grafo esistono o meno cammini euleriani, ma se ne può anche determinare qualcuno in maniera efficiente, nulla del genere vale per i cammini hamiltoniani. Anzi, trovare un metodo per risolvere in maniera efficiente il problema del commesso viaggiatore costituisce una delle maggiori sfide aperte dell'informatica teorica, e va sotto il nome di *problema P = NP* (dove *P* sta per «polinomiale deterministico», che è una complessità accettata come efficiente, e *NP* sta per «polinomiale non deterministico», ed è invece la migliore complessità ottenibile al momento). Per inciso, questo è uno dei famosi *problemi del millennio*, la soluzione di ciascuno dei quali frutterebbe un milione di dollari, messi in palio dal Clay Matematics Institute di Cambridge (Massachusetts).

Scacco alla matematica

Nonostante l'attribuzione ad Hamilton, la ricerca di cammini hamiltoniani risale a molto prima di lui. Il primo ad affrontare un problema del genere fu probabilmente Abraham de Moivre, un matematico francese che calcolò correttamente il momento della propria morte, avvenuta il 27 novembre 1754, sulla base del fatto che si era accorto di dormire ogni giorno un quarto d'ora in più del precedente, e dedusse che il sonno eterno sarebbe sopraggiunto quand'egli avesse dormito ventiquattr'ore filate.

Nel 1722 De Moivre, che giocava a scacchi per arrotondare le sue scarse entrate, aveva trovato per primo un cammino hamiltoniano sul *grafo del cavallo*, i cui vertici sono le caselle della scacchiera, e i cui lati sono i collegamenti ottenibili mediante una mossa del cavallo. In altre parole, De Moivre trovò *una sequenza di mosse che permette a un cavallo di visitare tutta la scacchiera, passando in tutte le caselle una volta, e una volta sola.*

I colori corrispondono al numero dei collegamenti (o delle possibili mosse).

La soluzione di De Moivre fu pubblicata nel 1725 in un'edizione postuma delle *Ricreazioni matematiche e fisiche* di Jacques Ozanam, che era stato il suo tutore, e rivela esplicitamente quale fosse stata l'idea per risolvere il problema. Ridurlo, cioè, ai due più semplici problemi di trovare percorsi del cavallo che coprano, rispettivamente, la porzione centrale di 4 × 4 caselle della scacchiera e la cornice esterna, e collegarli.

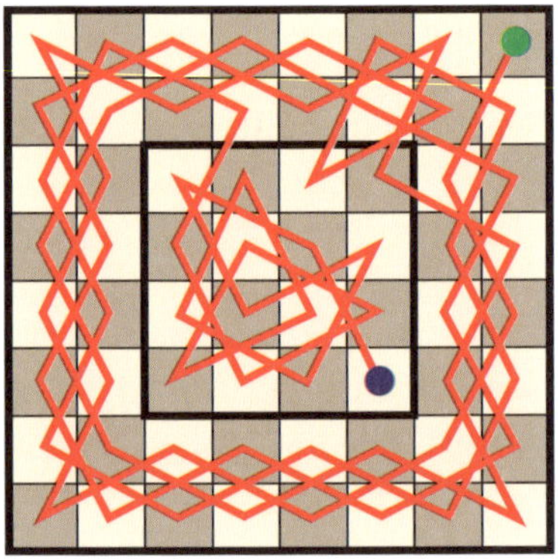

Nel 1759 Eulero propose una *Soluzione di una questione curiosa che non sembra essere stata sottoposta ad alcuna analisi*: trovare, cioè, una sequenza chiusa di mosse del cavallo, dal cui punto terminale si potesse tornare in una mossa a quello iniziale. Un tale percorso (su una scacchiera 10 × 10) ricevette un'inaspettata applicazione nel 1978, quando Georges Perec lo usò come struttura della narrazione del suo romanzo *La vita: istruzioni per l'uso*.

Un bel modo per ottenere un circuito del genere, proposto nel 1836 da Teodoro Ciccolini in *Del cavallo degli scacchi*, consiste nel dividere la scacchiera in quattro quadranti 4 × 4, e ciascun quadrante in quattro circuiti, rispettivamente due di forma romboidale e due di forma quadrata (nella figura, in ogni quadrante è mostrato solo uno dei quattro circuiti). L'osservazione fondamentale è che i quattro circuiti corrispondenti dei quattro quadranti si possono combinare fra loro in un unico circuito di 16 caselle della scacchiera, e questi nuovi quattro circuiti si possono poi combinare insieme in un percorso completo.

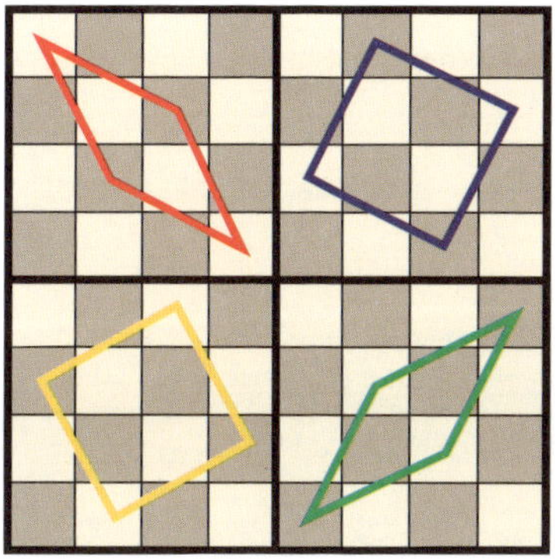

Altrettanto interessanti dei cammini hamiltoniani sul grafo del cavallo sono quelli sul *grafo della torre*, definito in maniera analoga. In questo caso, il problema ha una soluzione completa ed elegante: *una torre può partire da una casella, visitare l'intera scacchiera e terminare in un'altra casella se e solo se le due caselle hanno colori diversi*.

La soluzione è legata a un teorema dimostrato nel 1973 da Ralph Gomory: *una scacchiera a cui si tolgono due caselle si può coprire di tessere del domino 2 × 1 se e solo se le due caselle hanno colori diversi*. E il legame sta nel fatto che i percorsi della torre corrispondono a sequenze di tessere del domino, e viceversa, perché la torre si muove solo in orizzontale o in verticale (vedi figura alla pagina successiva).

Per dimostrare una direzione del teorema di Gomory, basta notare che per coprire 62 caselle della scacchiera servono 31 tessere, che coprono 31 caselle bianche e 31 nere. Dunque, le due rimanenti devono avere colore diverso.

Per dimostrare l'altra direzione, basta considerare un percorso della torre che copra l'intera scacchiera: ad esempio, quello della figura a sinistra. Togliendo una qualunque casella, rimane un percorso le cui caselle di partenza e di arrivo hanno lo stesso colore, opposto a quello della casella tolta. Togliendo una seconda casella, del colore opposto alla prima, il percorso si spezza in due parti, le cui rispettive caselle di partenza e di arrivo hanno colori opposti fra loro, e possono dunque essere collegate da due sequenze di tessere.

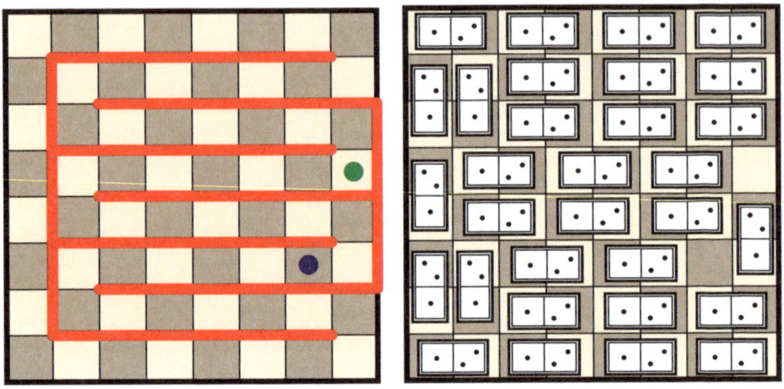

Nascita di una disciplina

L'osservazione di Eulero sui ponti di Königsberg fu il primo esempio storico concreto di un nuovo modo di fare geometria, che era stato proposto in astratto nel 1679 da Gottfried Wilhelm Leibniz, nella *Caratteristica geometrica*.

Lui parlava in latino di *analysis situs*, «analisi del luogo», e il nome rimase in vigore fino agli inizi del Novecento. Ma già nel 1847 Johann Benedict Listing, nei suoi *Studi preliminari sulla topologia*, introdusse il termine greco con cui la nuova disciplina viene chiamata ora: appunto *topologia*, «studio del luogo» (da *topos*, «luogo», e *logos*, «discorso»).

Nomi a parte, questo genere di geometria prescinde dalle proprietà quantitative legate alla metrica (distanze e angoli), e si concentra invece su quelle qualitative relative alla struttura (luoghi e collegamenti). Infatti, in un grafo non ha importanza come si dispongano i vertici, o come si disegnino i lati: ciò che conta è che la figura rifletta l'essenza delle loro relazioni. E poiché la cosa si può fare in tanti modi diversi, non è detto che a prima vista ci si accorga che due grafi sono in realtà lo stesso. O, come si dice tecnicamente, che sono *isomorfi*, cioè con la «stessa forma» astratta (da *isos*, «uguale», e *morphé*, «forma»). Nella figura seguente, ad esempio, i grafi dello stesso colore sono isomorfi.

La necessità e l'utilità del passaggio da una concezione metrica a una topologica sono ben testimoniate dall'evoluzione delle mappe delle metropolitane. Man mano che la rete cresce, diventa sempre più difficile, oltre che inutile, mantenere una corrispondenza precisa con la mappa della città, e si rappresentano i collegamenti fra le stazioni in maniera sempre più astratta. E non è un caso che la mappa del metrò di Londra, ancor oggi usata, sia un aggiornamento di quella classica prodotta nel 1931 da un ingegnere elettrotecnico di nome Harry Beck, che la disegnò appunto alla maniera di un circuito elettrico.

Mappa metrica della metropolitana di Londra, 1908.

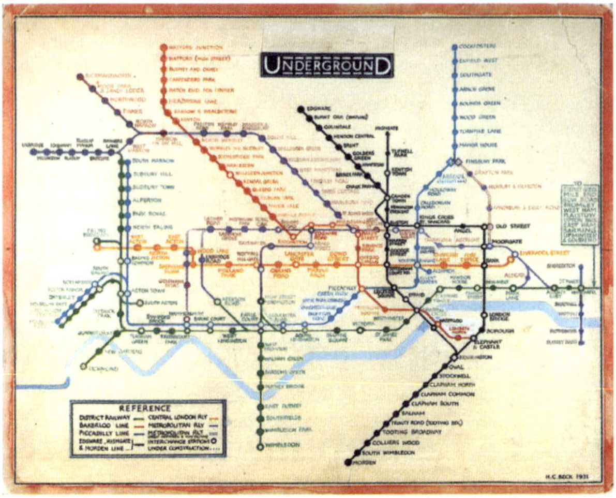

Mappa topologica della metropolitana di Londra, 1931.

Giochiamo a colorare le mappe

A proposito di mappe, un tipico dilemma topologico, che ha dato del filo da torcere ai matematici, è il cosiddetto *problema dei quattro colori*. Fu proposto il 23 ottobre 1852 da Augustus de Morgan in una lettera a Hamilton, in cui diceva:

> Un mio studente mi ha chiesto oggi il perché di un fatto che non conoscevo come tale, e di cui tuttora non so se lo sia veramente. Egli dice che se si divide in un modo qualsiasi una figura in compartimenti colorati, in modo che quelli che hanno qualche pezzo del contorno in comune abbiano colori diversi, possono essere necessari quattro colori, ma non di più. Ossia ogni carta geografica può essere colorata con un massimo di quattro colori.

Francis Guthrie, lo scopritore del supposto «fatto», si era subito accorto che bisognava fare qualche restrizione sui confini della carta da colorare. Essi non possono infatti ridursi a punti isolati: altrimenti, basta considerare regioni disposte come le fette di una torta, per dedurre che nessun numero finito di colori è sufficiente. Ma i confini non possono neppure essere troppo frastagliati: altrimenti, per dedurre di nuovo che nessun numero di colori è sufficiente basta considerare regioni che abbiano tutte uno stesso confine in comune, come quelle scoperte nel 1910 da Luitzen Brouwer in un fondamentale lavoro *Sull'Analysis situs*.

L'esempio più noto di tali regioni sono i cosiddetti *laghi di Wada*, descritti dal giapponese Takeo Wada nel 1917. Per ottenerli si suppone di avere un lago rosso, su un'isola gialla circondata da un mare blu. Si costruisce dapprima un canale che porti l'acqua del mare blu sull'isola in modo tale che la terra gialla non disti mai più di un metro da essa. Poi si costruisce un canale che porti l'acqua del lago rosso sull'isola in modo tale che la terra gialla non disti mai più di mezzo metro da essa. Poi si riparte, adattando il primo canale in modo che la terra gialla non disti mai più di un quarto di metro dall'acqua del mare blu, e così via. Portando avanti indefinitamente questo processo, le due regioni blu e rossa rimangono divise da un unico confine giallo, che si è assottigliato alle dimensioni infinitesime di una linea curva. E usando più isole, si può ottenere in maniera analoga un numero qualunque di regioni aventi tutte un unico confine comune.

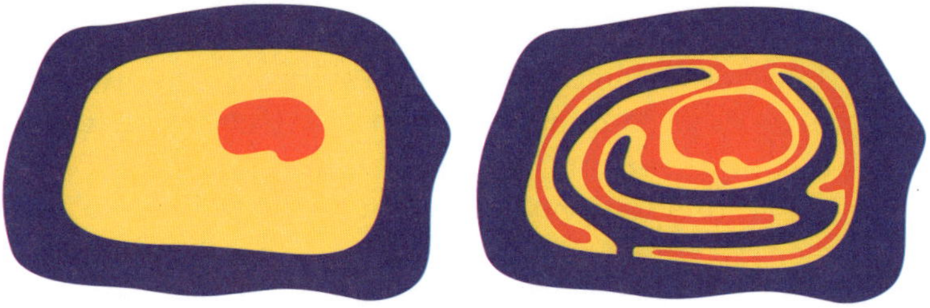

Quando dunque i confini non sono né troppo semplici né troppo complessi, per accorgersi che effettivamente *quattro colori sono necessari* è sufficiente trovare una carta in cui ci sono quattro regioni, ciascuna confinante con le altre tre. La cosa è talmente semplice che la si fa automaticamente quando si taglia una torta in fette, lasciando una parte rotonda al centro per evitare di rompere le punte.

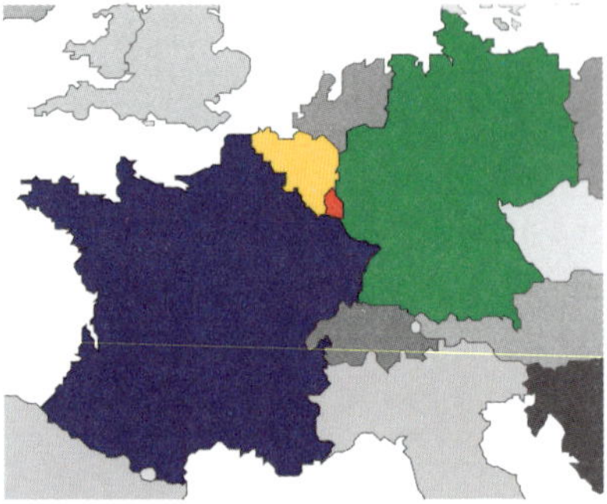

De Morgan scoprì immediatamente che non è invece possibile che cinque regioni confinino ciascuna con le altre quattro. Ma questo significa soltanto che non si può dimostrare *nello stesso modo* che cinque colori sono necessari. E non significa affatto che quattro colori siano sufficienti, come supposero i molti dilettanti che per un secolo proposero dimostrazioni sbagliate della congettura dei quattro colori.

Nel 1879 Alfred Kempe scrisse *Sul problema geografico dei quattro colori*, proponendone una dimostrazione. Il piano consisteva nel mostrare che le regioni confinanti con al più altre cinque sono *inevitabili*, nel senso che ogni carta normale (tale cioè che in nessun punto si incontrino più di tre regioni) ne deve contenere almeno una. E che le carte contenenti configurazioni inevitabili sono *riducibili* ad altre con almeno una regione in meno, e colorabili con lo stesso numero di colori.

Nel 1890 Percy Heawood, in uno studio sistematico del *Teorema della colorazione delle mappe* su vari tipi di superfici, si accorse che la dimostrazione di Kempe conteneva un errore e dimostrava soltanto che *cinque colori sono sufficienti*. I tentativi di rattoppo produssero da un lato insiemi sempre più grandi di configurazioni inevitabili, e dall'altro lato insiemi sempre più grandi di configurazioni riducibili, che permisero di dimostrare il teorema dei quattro colori per carte aventi fino a un centinaio di regioni.

Solo nel 1976, però, Kenneth Appel e Wolfgang Haken produssero *La soluzione del problema dei quattro colori*, trovando un insieme di configurazioni che fossero allo stesso tempo sia inevitabili che riducibili, e quindi provando finalmente che quattro colori sono sufficienti. E per anni l'università dell'Illinois a Urbana-Champaign, dove Appel e Haken lavoravano, annunciò al mondo il risultato annullando i suoi francobolli con il timbro *Quattro colori bastano*, che nel 2002 divenne il titolo di un libro di Robin Wilson sull'argomento.

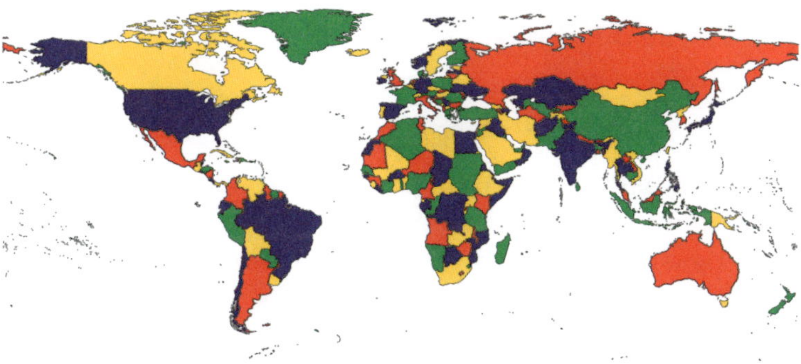

L'aspetto interessante della dimostrazione di Appel e Haken non fu tanto la soluzione del problema, il cui interesse matematico era abbastanza limitato, quanto piuttosto il metodo da essi usato. Le loro 1482 configurazioni inevitabili e riducibili furono trovate per tentativi ed errori, a partire da un insieme di partenza di sole 500, in un processo di ricerca interattiva guidata dal calcolatore, che richiese 1200 ore (pari a 50 giorni ininterrotti) di utilizzo del calcolatore.

Per la prima volta, la dimostrazione di un teorema matematico si appoggiava dunque su conti che non potevano essere verificati a mano. E quando il lavoro che conteneva la dimostrazione fu presentato all'«Illinois Journal of Mathematics», il controllo del risultato fu effettuato mediante un diverso programma, implementato su un diverso calcolatore.

Può darsi che un giorno questa particolare dimostrazione di questo particolare teorema venga radicalmente semplificata, e riportata dall'ambito meccanico a quello umano. Ma è anche possibile che il teorema dei quattro colori sia, invece, un primo esempio delle dimostrazioni sempre più lunghe e complicate che dobbiamo attenderci, dopo che millenni di sviluppo matematico hanno quasi esaurito l'insieme delle dimostrazioni brevi e semplici.

Un'interessante caratteristica

Fortunatamente, non tutte le dimostrazioni topologiche sono come quella del teorema dei quattro colori. Anzi, la topologia è un campo in cui il nuovo e il memorabile si coniugano spesso con l'intuitivo e il visualizzabile, una volta che si padroneggiano le regole del gioco.

Il gioco si riduce, sostanzialmente, a *distorcere e deformare le superfici senza bucarle o strapparle*, come se fossero fatte di gomma elastica, per cercare di capire cosa rimane invariato e sopravvive a queste distorsioni e deformazioni. In gergo si parla di mutue *trasformazioni continue* tra *superfici omeomorfe*, «di forma simile» (da *homoios*, «simile», e *morphé*, «forma»), o più brevemente di *omeomorfismi*.

Ciò che rimane invariato si chiama, appropriatamente, *invariante topologico*. E il primo di questi invarianti è stato ottenuto da Cartesio verso il 1620, negli *Esercizi sugli elementi dei solidi*. Si tratta, semplicemente, dell'osservazione che i numeri V dei vertici, L dei lati e F delle facce di un solido regolare sono legati fra loro dalla semplice relazione

$$V - L + F = 2$$

	V	L	F	$V - L + F$
tetraedro	4	6	4	2
cubo	8	12	6	2
ottaedro	6	12	8	2
dodecaedro	20	30	12	2
icosaedro	12	30	20	2

L'osservazione è interessante, perché rende manifesta una regolarità nascosta. E mostra come i solidi regolari siano più legati fra loro di quanto lasciasse supporre la loro divisione in tre famiglie duali o autoduali: il singolo tetraedro, la coppia cubo-ottaedro e la coppia dodecaedro-icosaedro.

Dopo la sua morte in Svezia nel 1650, i manoscritti di Cartesio furono riportati in Francia, ma la cassa che li conteneva cadde nella Senna. Vari documenti furono salvati e asciugati, e nel 1676 Leibniz poté fare copie di alcuni di essi, *Esercizi* compresi. In seguito i manoscritti di Cartesio andarono perduti, e le copie di Leibniz rimasero inedite. In particolare, si perse traccia dell'osservazione sui solidi fino al 1860, quand'essa fu pubblicata da Eugène Prouhet nelle *Note su un passaggio delle opere inedite di Cartesio*.

Nel frattempo, però, l'osservazione era stata riscoperta nel 1750 da Eulero, negli *Elementi della dottrina dei solidi*. Egli notò che, dal punto di vista topologico, i cinque solidi regolari non sono altro che *grafi sulla sfera*, come si vede gonfiandoli come un pallone. Sempre dal punto di vista topologico, il fatto che i solidi siano regolari, cioè che i lati siano della stessa lunghezza e le facce della stessa area, non è rilevante. Viene allora il sospetto che la relazione precedente, $V - L + F = 2$, valga non soltanto per quei cinque grafi sulla sfera, ma per tutti.

In un lavoro *Sui poligoni e i poliedri* del 1813, Augustin-Louis Cauchy notò che i grafi corrispondenti ai cinque solidi regolari si possono dispiegare sul piano: basta bucare la sfera su una faccia, allargare il buco e deformare la sfera in modo da distenderla sul piano. La faccia bucata rimane all'esterno, e tirando a sufficienza si può pensare di far coincidere l'intera sfera bucata con l'intero piano. D'altronde, le proiezioni stereografiche polari fanno esattamente questo: resta fuori soltanto il polo da cui si proietta, che diventa la retta all'infinito e corrisponde al punto in cui si è bucata la sfera.

Si ottengono così i cinque *grafi platonici*, detti anche *completamente regolari*. Per inciso, tutti e cinque ammettono cammini hamiltoniani, come quello che aveva appunto scoperto Hamilton per il dodecaedro (vedi seconda serie di figure). Ma solo l'ottaedro ammette cammini euleriani, per lo stesso motivo osservato da Eulero a proposito dei sette ponti.

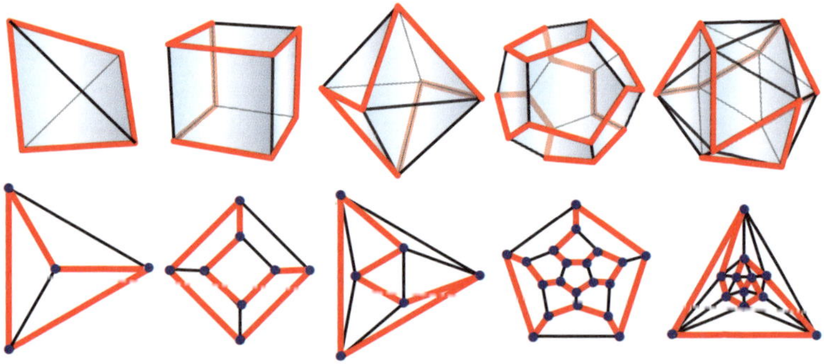

In maniera analoga, dai solidi semiregolari si possono ottenere i *grafi archimedei*. E, più in generale, dalle tassellazioni della sfera i *grafi planari*: un nome che deriva dal fatto che questi grafi si possono rappresentare sul piano in maniera tale da far intersecare i lati solo nei vertici. Ma poiché uno stesso grafo si può rappresentare in tanti modi diversi, non è detto che a prima vista ci si accorga che un grafo è effettivamente planare: ad esempio, i due in alto lo sono (essendo solo due modi diversi di rappresentare un cubo), ma i due in basso no (e ogni grafo non planare ne contiene almeno uno dei due come sua parte).

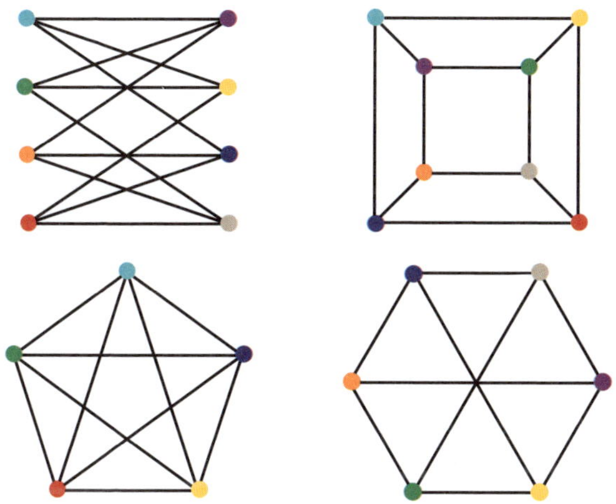

Poiché i lati dei grafi planari non si intersecano, essi racchiudono regioni che si possono considerare delle facce. E ciò che Eulero e Cauchy dimostrarono è che, esattamente come nel caso dei solidi regolari, *i numeri V dei vertici, L dei lati e F delle facce (compresa quella esterna infinita) di un grafo planare e connesso (cioè, tutto d'un pezzo) sono legati fra loro dalla relazione*

$$V - L + F = 2$$

L'essenza topologica della dimostrazione, enucleata da Henri Poincaré in un fondamentale lavoro sull'*Analysis situs* del 1895, è che se si rimuove un lato esterno che delimita una faccia, sia il numero L dei lati che il numero F delle facce decrescono di 1, mentre il numero V dei vertici rimane uguale. E se invece si rimuove un lato esterno isolato, sia il numero L dei lati che il numero V dei vertici decrescono di 1, mentre il numero F delle facce rimane uguale. In entrambi i casi, non cambia il valore di $V - L + F = 2$.

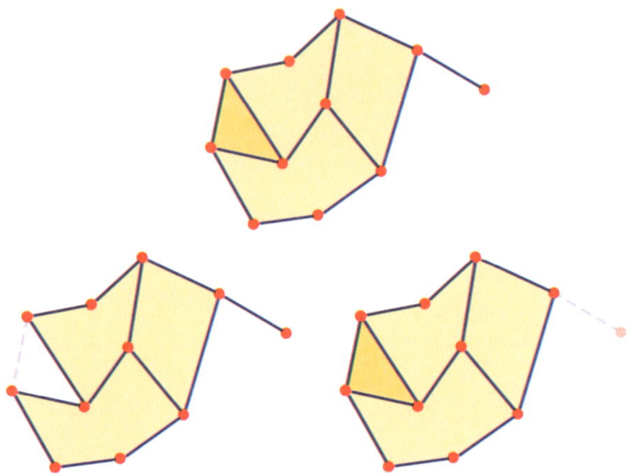

Se il grafo è connesso, cioè tutto d'un pezzo, quando si rimuovono uno dietro l'altro lati esterni che racchiudono una faccia, o lati isolati, alla fine si rimane con un solo vertice e una sola faccia. In tal caso, $V - L + F$ è ovviamente 2. E poiché nessuna rimozione ha cambiato il suo valore, doveva essere 2 fin dagli inizi.

L'espressione $V - L + F$, che è sempre la stessa per tutti i grafi planari e connessi, viene chiamata *caratteristica di Eulero*. In seguito vedremo che su altre superfici il suo valore può cambiare. Ma già ora possiamo notare che, nonostante il suo nome, la caratteristica di Eulero non è in grado di determinare su quale superficie ci si trovi: ad esempio, sia sul piano che sulla sfera, il suo valore è sempre 2.

La *topologia algebrica* si preoccupa dunque di trovare altri invarianti topologici, che siano in grado di caratterizzare completamente il tipo di superficie. I più noti di questi invarianti sono i *gruppi di omotopia* e i *gruppi di omologia*, introdotti rispettivamente da Camille Jordan nel 1866 e da Poincaré nel 1895 (in entrambi i casi, il prefisso «omo» deriva dal greco *homós*, «simile»).

Tre centri al buio

Eulero era già completamente cieco quando vide, nel 1767, un'insospettata relazione fra tre punti di un triangolo, tutti ben noti ai Greci. E cioè:

- L'*ortocentro*, o punto di incontro delle altezze (da *orthos*, «retto»).
- Il *baricentro*, o centro del peso (da *barion*, «peso»), che è il punto di incontro delle mediane.
- Il *circocentro*, o centro del cerchio circoscritto (da *circum*, «attorno»), che è invece il punto d'incontro degli assi dei lati. Cioè, delle perpendicolari erette dai loro punti medi.

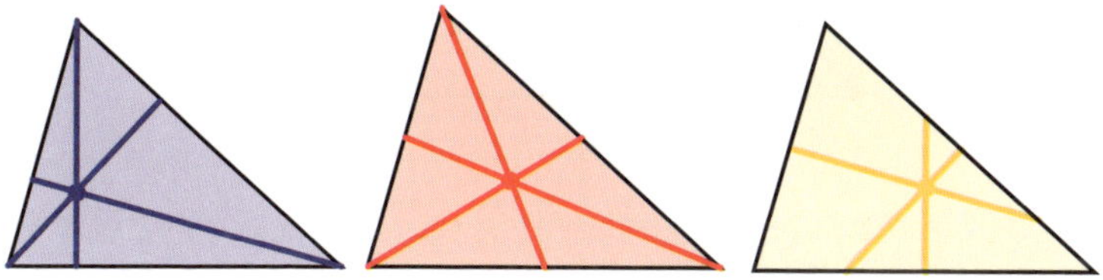

L'insospettata relazione fra loro è che *in qualunque triangolo l'ortocentro, il baricentro e il circocentro sono allineati*, su quella che oggi viene giustamente chiamata la *retta di Eulero*. Più precisamente, il baricentro si trova tra l'ortocentro e il circocentro, a una distanza dal primo doppia della sua distanza dal secondo.

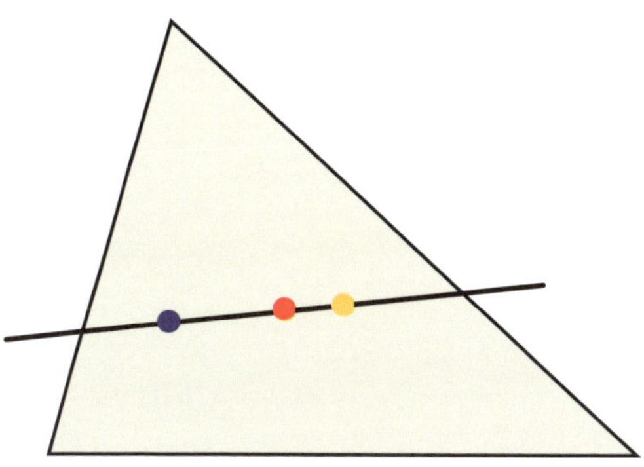

Ma le sorprese non sono finite, perché molti altri punti del triangolo si trovano sulla stessa retta. Ad esempio, esattamente a metà fra l'ortocentro e il circocentro sta il centro del *cerchio dei nove punti*, che passa allo stesso tempo per i piedi delle tre altezze, i punti medi dei tre lati, e i punti medi dei tre segmenti che uniscono l'ortocentro coi vertici.

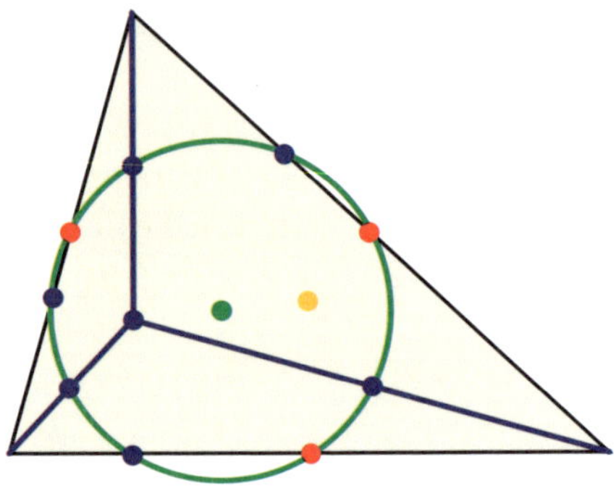

Che i primi sei punti stiano su un cerchio è stato notato nel 1821 da Poncelet e Brianchon, e nel 1822 dal tedesco Karl Feuerbach. I rimanenti tre punti furono aggiunti al risultato poco dopo, dal matematico francese Olry Terquem. Ciò nonostante, e abbastanza ingiustamente, oggi si parla a volte di *cerchio di Feuerbach*.

IV

Battere i Greci al loro stesso gioco

I giapponesi e gli europei

Dopo la sua scoperta, la prospettiva divenne il nuovo paradigma artistico occidentale, ma l'arte orientale ne rimase immune per secoli. Le prime parallele convergenti in un punto di fuga si videro in Giappone solo verso la metà del Settecento, nelle opere di Okumura Masanobu e Nishimura Shigenaga.

Non stupisce che la rottura delle convenzioni e degli schemi della pittura classica e aristocratica giapponese sia avvenuta nell'ambito di una forma d'arte alternativa e popolare, chiamata *ukiyo-e*, «immagini del mondo fluttuante». Un termine, questo, che in origine veniva usato dai buddhisti per indicare le percezioni della realtà impermanente, ma che a metà del Seicento la borghesia urbana incominciò a riferire alle scene di vita dei quartieri a luci rosse e dei teatri.

L'arte degli *ukiyo-e* fiorì nel periodo Edo, tra il Seicento e l'Ottocento, e fu innovativa e di rottura non soltanto per la scelta dei soggetti e del linguaggio, ma anche del mezzo espressivo. Invece di usare i tradizionali rotoli dipinti della pittura classica, vennero infatti adottate le stampe colorate riprodotte da matrici di legno, le cui riproduzioni potevano essere vendute a basso prezzo e fatte circolare a migliaia.

Masanobu e Shigenaga furono due tra i primi rappresentanti di questa nuova e originale forma d'arte, ma i suoi maestri più popolari divennero i ritrattisti Kitagawa Utamaro e Torii Kiyonaga, e i paesaggisti Utagawa Hiro-

Nishimura Shigenaga, *Ammirare la luna piena da un interno a Shin Yoshiwara*, 1740.

Okumura Masanobu, *Immagine prospettica del palcoscenico di uno spettacolo di teatro*, 1743.

shige e Katsushika Hokusai. Nella seconda metà dell'Ottocento le loro opere si diffusero anche in Occidente, e in Francia esercitarono un fascino che ispirò in generale movimenti quali l'Art Nouveau, l'impressionismo e il cubismo, e in particolare artisti come Van Gogh.

Vincent Van Gogh, *Père Tanguy*, 1887 ca.

I cerchietti di madama Butterfly

Più o meno nello stesso periodo di fioritura degli *ukiyo-e*, il Giappone chiuse i rapporti con l'Occidente, e tra il 1633 e il 1854 visse un paio di secoli di autarchia culturale. Ne risentì in particolare la matematica, che ebbe uno sviluppo autoctono in seguito chiamato *wasan* (da *Wa*, «Giappone», e *san*, «matematica»), indipendente da quello occidentale chiamato *yosan* (da *Yo*, «Occidente»).

La più nota e singolare espressione *wasan* furono i *sangaku*, «tavolette matematiche» incise su matrici di legno analoghe agli stampi degli *ukiyo-e*. I *sangaku* erano una specie di ex voto offerti in omaggio da samurai, mercanti e contadi-

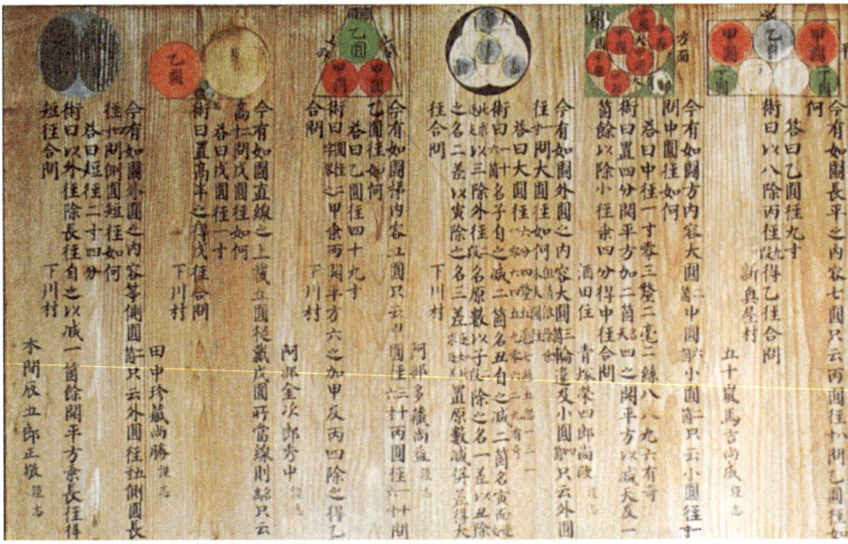

Antico *sangaku*, un tempo conservato nel santuario del monte Haguro in Giappone.

ni a qualcuna delle innumerevoli divinità dello shintoismo e del buddhismo, venerate nei luoghi sacri in cui venivano appese le tavolette. Queste costituivano probabilmente altrettante sfide intellettuali ai visitatori di quegli stessi luoghi, o pubblicità per le scuole dalle quali provenivano.

Di *sangaku* oggi ne rimangono circa 900, il primo dei quali è del 1683, ma innumerevoli altri sono andati perduti, e il più antico di cui si abbia notizia è del 1668. Già nel 1751 apparve la prima raccolta di problemi in essi proposti. Ne seguirono poi varie altre, manoscritte o stampate dalle matrici di legno: tra esse, i *Problemi matematici appesi nei templi* di Fujita Kagen, nel 1790.

I problemi dei *sangaku* coinvolgono quasi sempre cerchi, ellissi o sfere tangenti, e il loro livello di difficoltà va dall'elementare all'universitario. A volte la soluzione richiede soltanto riga e compasso, altre volte la geometria superiore e l'analisi. Spesso, però, i risultati sono assolutamente originali, e costituiscono una specie di ideale prosecuzione delle ricerche dei Greci.

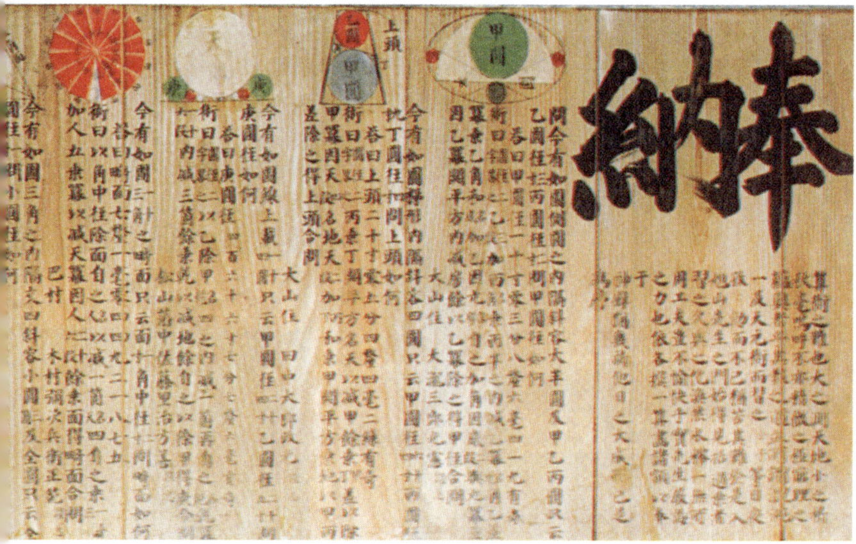

In particolare, quelle del perduto trattato *Sulle tangenti* di Apollonio, in buona parte dedicato a *trovare un cerchio tangente a tre cerchi dati*. Oggi questo si chiama *problema di Apollonio*, e il numero delle sue soluzioni va da zero a otto, a seconda della disposizione dei cerchi di partenza. Le soluzioni vengono comunque sempre a coppie, in cui una include i cerchi che l'altra esclude, e viceversa.

Max Bill, litografia della serie *Quindici variazioni su uno stesso tema*, 1935-38.

Un primo esempio di risultato non banale dei *sangaku* è quello che oggi si chiama appunto *teorema giapponese*, risalente al 1800 circa: *i vertici di un poligono convesso stanno su una circonferenza se e solo se la somma dei raggi dei cerchi inscritti nei triangoli di una sua qualunque triangolazione è costante*, dove per «triangolazione» si intende una suddivisione del poligono in triangoli aventi i suoi stessi vertici.

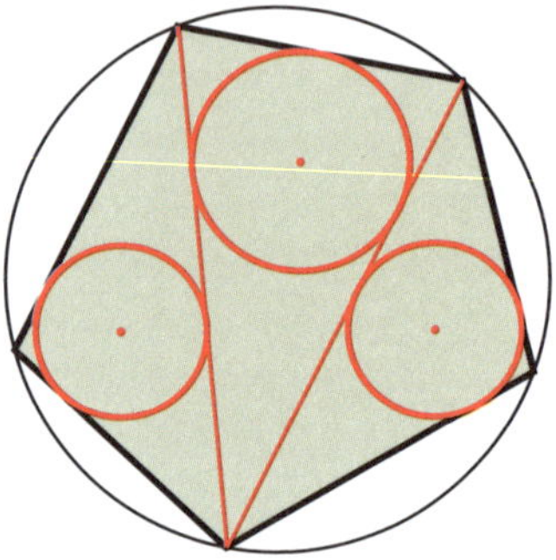

Il teorema generale deriva facilmente, un lato dopo l'altro, dal caso particolare dei quadrilateri. E questo caso si dimostra notando che le due diagonali di un quadrilatero inscritto in una circonferenza definiscono due triangolazioni tali che i centri dei cerchi inscritti nei quattro triangoli ottenuti costituiscono i vertici di un rettangolo.

Costruendo il parallelogramma coi lati passanti per i vertici del rettangolo e paralleli alle diagonali del quadrilatero, si nota che si ottiene un rombo, cioè che le somme dei raggi dei cerchi tangenti a ciascuna diagonale sono uguali.

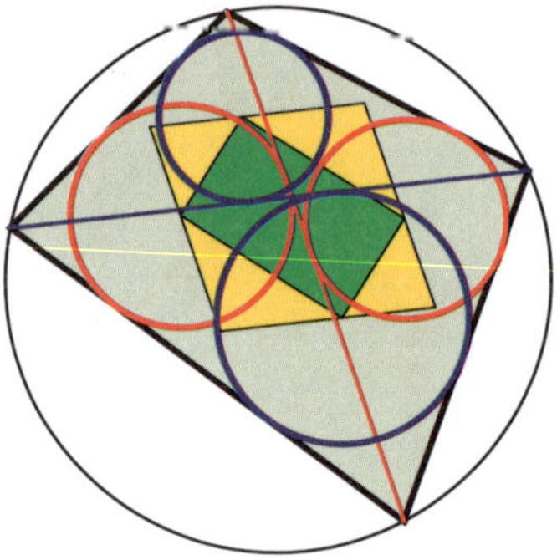

Un altro esempio di risultato originale dei *sangaku* è quello che oggi si chiama *teorema di Ajima-Malfatti*, e permette di inscrivere in un triangolo tre cerchi, ciascuno tangente agli altri due e a due lati del triangolo. Gianfrancesco Malfatti trovò la propria costruzione nel 1803, e credette di aver così risolto il cosiddetto «problema del marmo», relativo alla determinazione della massima sezione complessiva di tre pilastri circolari ricavabili da un prisma di sezione triangolare.

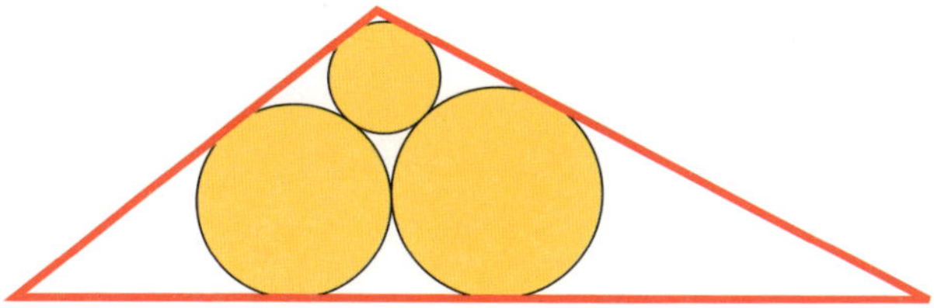

Benché i tre cerchi di Malfatti non siano mai la soluzione ottimale del problema, la sua costruzione è comunque interessante. Ma era già stata anticipata nella seconda metà del Settecento in un *sangaku* di Chokuen Ajima, da cui la doppia attribuzione del teorema.

Di un genere analogo al precedente sono due problemi che risalgono entrambi a *sangaku* della prefettura di Gumma. Il primo, del 1824, richiede di *trovare, dati due cerchi tangenti fra loro e a una retta, un terzo cerchio tangente a entrambi i cerchi dati e alla retta*. Il secondo, del 1874, richiede invece di *inscrivere in un quadrato, all'interno del quale c'è già un cerchio, quattro altri cerchi, ciascuno tangente al cerchio dato e a due lati del quadrato*.

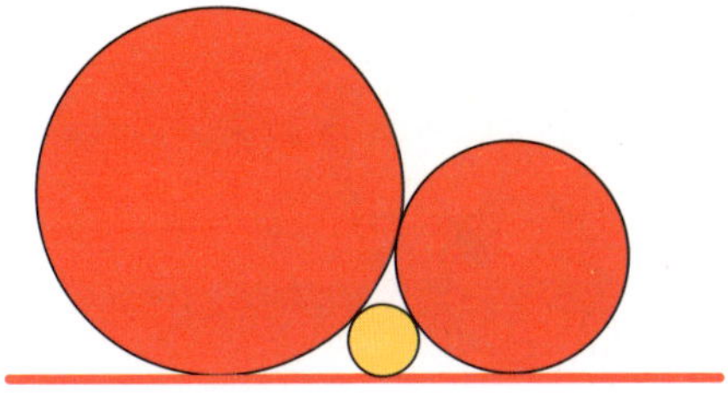

Di un genere completamente diverso, e molto più spettacolare, è invece un problema risalente al 1798: *distribuire 30 sferette identiche in modo che ciascuna sia tangente ad altre quattro, e tutte siano tangenti a una sfera centrale*. Mentre la soluzione dei problemi precedenti può essere trovata abbastanza facilmente, questa è inaspettata: si tratta infatti di porre i centri delle 30 sferette a metà dei lati di un dodecaedro regolare. O, se si preferisce, nei vertici di un icosidodecaedro.

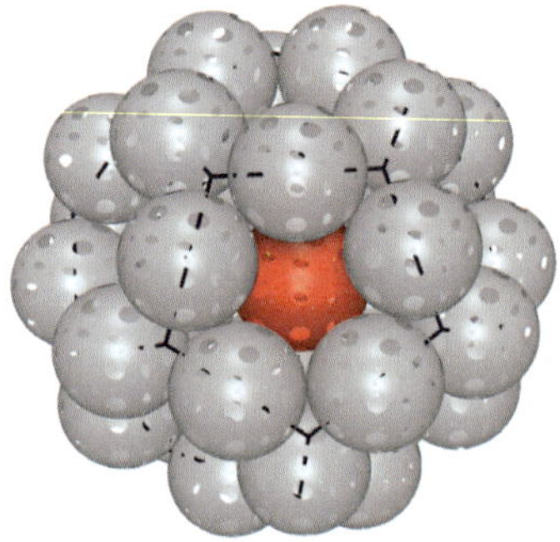

Ancora più antico è un problema del 1788, che coinvolge una serie infinita di cerchi formanti un vero e proprio *mandala*: *dati due cerchi esternamente tangenti fra loro, e internamente tangenti a un terzo cerchio, inserire fra essi due catene infinite di cerchi tangenti*, come nella figura, e determinarne le proprietà. In particolare, come già sapeva Pappo, si scopre che i centri dei cerchi delle due catene giacciono su un'ellisse, i cui due fuochi sono i centri dei cerchi che le delimitano.

La soluzione stabilisce un equivalente giapponese del *teorema del cerchio*, dimostrato nel 1643 da Cartesio in una lettera alla principessa Elisabetta di Boemia, e mostra come *trovare un quarto cerchio tangente ad altri tre, che sono già tangenti a due a due*. La relazione fondamentale fra i quattro cerchi è che il quadrato della somma delle loro curvature è uguale al doppio della somma dei quadrati delle curvature.

Cercando di estendere il risultato del *sangaku* precedente dal piano allo spazio, ci si imbatte in una limitazione analoga a quella secondo cui ci sono infiniti poligoni regolari, ma solo cinque solidi regolari. Precisamente, si scopre che *date due sfere esternamente tangenti fra loro, e internamente tangenti a una terza sfera, fra esse si possono inserire soltanto catene di sei sfere*. Di tali catene ce ne sono infinite, e i centri delle loro sei sfere stanno sempre tutti su una stessa ellisse: a cambiare sono, ovviamente, i loro raggi.

Questa configurazione fu scoperta nel 1937 da Frederick Soddy, premio Nobel per la chimica nel 1921, e prende appunto il nome di *sestetto di Soddy*. Ma in realtà era già stata anticipata da un *sangaku* proveniente dalla prefettura di Kanawaga e risalente al 1822, che costituisce probabilmente il massimo risultato *wasan*.

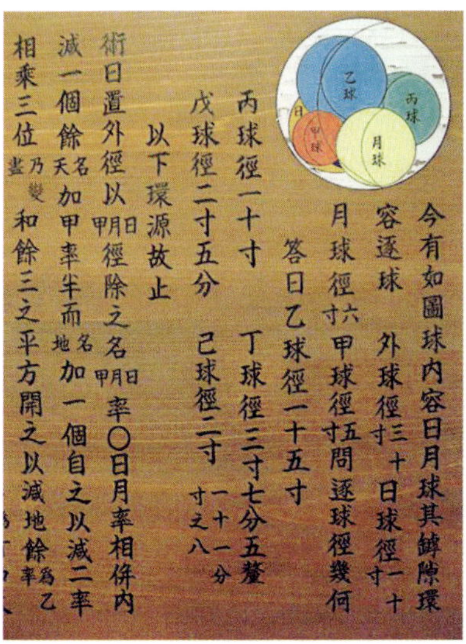

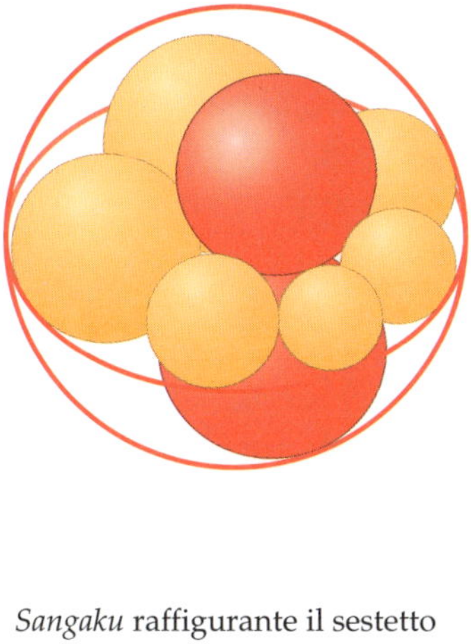

Sangaku raffigurante il sestetto di Soddy, conservato nel santuario di Samukawa in Giappone.

Questo è un gioco da ragazzi

I teoremi dei *sangaku* si dimostrano in genere con gli stessi strumenti di cui i Greci erano padroni e maestri. È dunque abbastanza sorprendente che essi se li siano lasciati scappare, anche se a loro parziale scusante si può addurre il fatto che avessero tradizionalmente più esperienza coi poligoni che coi cerchi e le sfere. E che quando l'acquisirono, con Archimede e Apollonio, fossero ormai nell'ultima fase della loro gloriosa e secolare storia matematica.

Molto più sorprendente è invece che i Greci si siano lasciati sfuggire una serie di risultati sui poligoni, e in particolare sui triangoli, che ancora una volta sarebbero stati nel loro stile e alla loro portata. E che invece furono scoperti soltanto un paio di millenni dopo, nel revival europeo della geometria euclidea che si ebbe tra il Settecento e l'Ottocento.

Per quanto riguarda il primo di questi risultati, la retta di Eulero discussa alla fine del capitolo precedente, a parziale scusante dei Greci va il fatto che la scoperta è dovuta a un tale genio. E che, benché gli enunciati relativi alla sua retta e al cerchio dei nove punti siano classici e puramente euclidei, le dimostrazioni originali furono ottenute utilizzando rispettivamente i metodi della geometria analitica e della geometria proiettiva.

Scusanti analoghe valgono anche per il prossimo risultato, che appartiene addirittura al nucleo caratteristico della geometria greca in generale, e degli *Elementi* di Euclide in particolare: cioè, le costruzioni con riga e compasso. L'essenza di questo nucleo, per quanto riguarda i poligoni regolari, risiede nelle tre costruzioni fondamentali del triangolo, del quadrato e del pentagono.

Per costruire un quadrato inscritto in un cerchio, basta alzare la perpendicolare al raggio dal centro (1). Per costruire il pentagono, basta dapprima bisecare questa perpendicolare (2), poi bisecare l'angolo così ottenuto (3), e di nuovo alzare la perpendicolare (4).

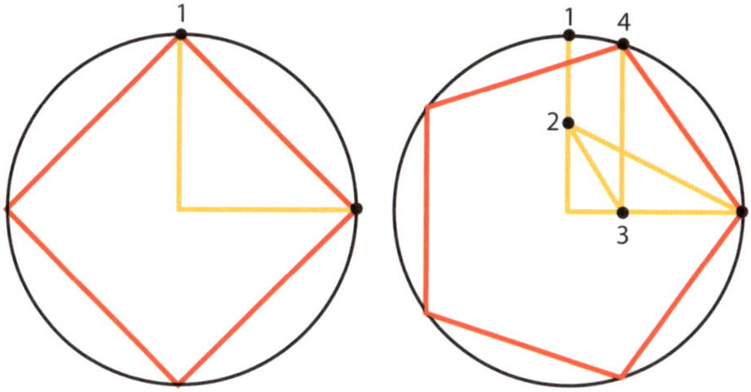

Tutte le altre costruzioni dei poligoni regolari effettuate dai Greci si riducono al «raddoppio» di un poligono già ottenuto, o al «minimo comune multiplo» di due. In altre parole, essi erano riusciti a costruire poligoni che avessero un numero di lati pari a una potenza di 2, eventualmente moltiplicata per 3, o per 5, o per entrambi. La lista dei numeri di lati dei poligoni che si sapevano costruire era dunque

3, 4, 5, 6, 8, 10, 12, 15, 16, 20, 24, 30, 32...

Si può immaginare che i Greci pensassero di aver fatto tutto il possibile, enumerando una lista esaustiva. Ma nel 1796 una matricola di diciannove anni dimostrò che si sbagliavano, perché *il poligono regolare di 17 lati si può costruire con riga e compasso.*

Ritratto di Carl Friedrich Gauss, 1812.

Quella matricola si chiamava Carl Friedrich Gauss, e già da bambino aveva fatto presagire un talento matematico fuori del comune. A tre anni aveva infatti stupito il padre, correggendo a mente un errore di calcolo nel quale il genitore era incorso. E a otto anni aveva stupito la maestra, che aveva chiesto agli alunni di sommare i primi 100 interi, dando immediatamente la risposta corretta. Sembra, dopo aver intuito che bastava moltiplicare 101 per 50, perché

$$101 = \underbrace{1 + 100 = 2 + 99 = \ldots = 49 + 52 = 50 + 51}_{\text{per 50 volte}}$$

A diciannove anni, col risultato sul poligono regolare di 17 lati, o *eptadecagono*, Gauss stupì se stesso. Da allora decise che sarebbe diventato un matematico, e iniziò a tenere un diario nel quale annotare i propri teoremi, a partire da quello. In seguito, in una lettera del 1829 a Christian Ludwig Gerling ricordò così il momento magico dell'illuminazione:

> Il giorno era il 29 marzo 1796, e il caso non ha assolutamente niente a che vedere con la mia scoperta. Prima di allora, nell'inverno, durante il mio primo semestre a Gottinga, avevo già scoperto tutto riguardo alla separazione in due gruppi delle radici dell'equazione
>
> $$\frac{x^p - 1}{x - 1} = 0$$
>
> Durante una vacanza a Braunschweig, la mattina di quel giorno, prima di alzarmi da letto, riuscii a vedere la relazione reciproca di tutte le radici nel modo più chiaro, così che potei applicarla all'eptadecagono e verificarla numericamente.

Nel giro di un paio d'anni Gauss risolse completamente il problema della costruzione di poligoni regolari con riga e compasso. Le *Disquisizioni aritmetiche* pubblicate nel 1801, ma già terminate nel 1798, si concludono infatti con l'affermazione che *si possono costruire esattamente i poligoni regolari che hanno un numero di lati pari a una potenza di 2, eventualmente moltiplicata per un numero finito di primi distinti del tipo* $2^{2^n} + 1$.

Oggi noi chiamiamo *primi di Fermat* quelli del tipo indicato da Gauss, e non sappiamo se il loro insieme è infinito: anzi, per ora ne conosciamo solo cinque. I primi due sono 3 e 5, e coprono i casi studiati dai Greci. Gli altri tre sono 17, 257 e 65.537, e forniscono i tre nuovi poligoni costruibili fondamentali scoperti da Gauss.

I prodotti possibili dei cinque primi di Fermat noti sono trentuno, il maggiore dei quali è 4.294.967.295. Essi corrispondono ai cinque poligoni costruibili fondamentali, e ai ventisei ottenibili da essi come «minimi comuni multipli». I rimanenti poligoni costruibili noti si ottengono da questi trentuno, per successivi «raddoppi» dei lati.

Tra i poligoni costruibili derivati da queste condizioni, ci sono quelli a 255, 256 e 257 lati: il primo numero perché uguale a $3 \times 5 \times 17$, il secondo perché uguale a 2^8, e il terzo perché primo di Fermat. Analogamente ci sono i poligoni a 65.535, 65.536 e 65.537 lati: il primo numero perché uguale a $3 \times 5 \times 17 \times 257$, il secondo perché uguale a 2^{16}, e il terzo perché primo di Fermat.

Naturalmente, un conto è dimostrare, come fece Gauss, che certi poligoni sono costruibili in teoria. E un altro è mostrare come costruirli in pratica. Johannes Erchinger lo fece nel 1825 per il poligono a 17 lati, Friedrich Julius Richelot nel 1832 per quello a 257, e Johann Gustav Hermes nel 1894 per quello a 65.537. Quest'ultima costruzione, in particolare, richiese dieci anni di lavoro e un baule pieno di istruzioni.

Per costruire un eptadecagono inscritto in un cerchio, basta dapprima alzare la perpendicolare al raggio dal centro (1), poi quadrisecarla (2), e quadrisecare l'angolo così ottenuto (3). Quindi individuare un angolo di 45 gradi (4), e l'intersezione con la perpendicolare del semicerchio relativo (5). Infine riportare sul raggio, a partire dal punto 3, la distanza fra questo e il punto 5 (6), e di nuovo alzare la perpendicolare (7). Si ottiene così il quarto vertice P4 a partire dal primo P1, e iterando il procedimento si ottengono in sequenza il settimo, decimo, tredicesimo e sedicesimo, poi il secondo, quinto, ottavo, undicesimo, quattordicesimo e diciassettesimo, e infine il terzo, sesto, nono, dodicesimo e quindicesimo.

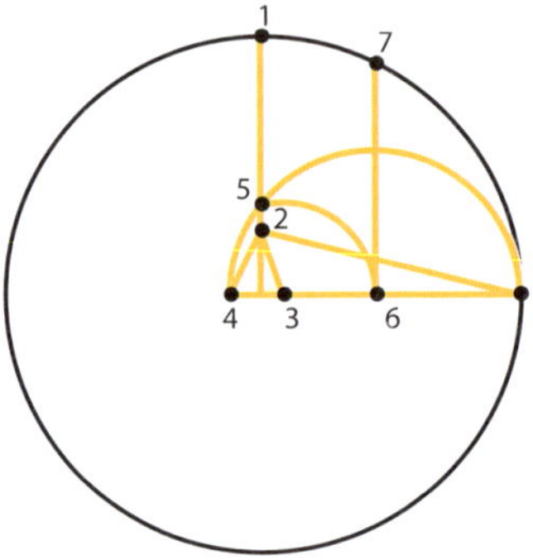

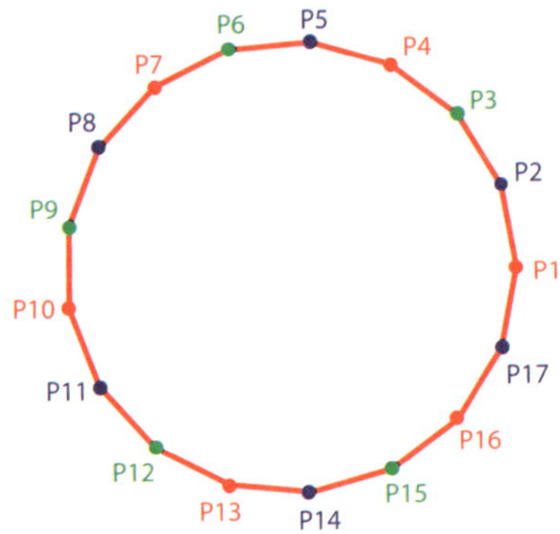

Di nuovo, un conto è dimostrare, come fece Gauss, che se un poligono soddisfa la condizione, allora è costruibile. E un altro è semplicemente annunciare, come fece sempre Gauss, che se un poligono non soddisfa la condizione, allora non è costruibile.

La dimostrazione del fatto che la condizione sufficiente per la costruibilità è anche necessaria fu prodotta nel 1837 da Pierre-Laurent Wantzel, e da essa deriva in particolare che *l'ennagono regolare non è costruibile*. Dunque, non essendo neppure costruibile l'angolo di 40 gradi che corrisponde a un suo lato, *l'angolo di 120 gradi non è trisecabile*. In questo modo Wantzel dimostrò l'insolubilità di due dei famosi problemi lasciati aperti dai Greci.

Quanto a Gauss, considerò per tutta la vita la costruzione dell'eptadecagono come il suo miglior risultato, e chiese che il poligono gli venisse inciso sulla tomba. Sembra però che lo scalpellino del cimitero di Gottinga si sia rifiutato di farlo, sostenendo che aveva troppi lati, e non sarebbe risultato diverso da un cerchio. Evidentemente non conosceva l'*Ercole al bivio*, che già verso il 1500 Girolamo di Benvenuto aveva con successo inserito in una cornice a 17 lati.

Girolamo di Benvenuto, *Ercole al bivio*, 1500 ca.

Le volontà di Gauss, a sua parziale consolazione, sono comunque state dirottate sul monumento che gli è stato in seguito dedicato a Brunswick, l'antica Braunschweig, sua città natale.

Monumento a Carl Friedrich Gauss a Brunswick.

Nel 1797, anno successivo alla scoperta di Gauss, oltre che «anno V della Repubblica Francese», Lorenzo Mascheroni dedicò la propria *Geometria del compasso* a «Bonaparte l'Italico». E paragonò Napoleone a un geometra, in versi di dubbio valore letterario:

> Io pur ti vidi coll'invitta mano,
> che parte i regni, e a Vienna intimò pace,
> meco divider con attento guardo
> il curvo giro del fedel compasso.

Mascheroni aveva già avuto occasione di parlare con Napoleone del proprio lavoro geometrico a Mombello. Come ricordò il matematico, qui il giovane generale, «sconfitto il nemico, erasi ritirato il 17 maggio 1797, intento a ordinare la Repubblica Cisalpina». E qui Antoine-Jean Gros lo ritrasse nel famoso *Napoleone Bonaparte al ponte di Arcole*.

Antoine-Jean Gros, *Napoleone Bonaparte al ponte di Arcole*, 1801 ca.

Le espressioni di Mascheroni non erano comunque pura piaggeria. O almeno, non solo. Da adolescente, al Corpo reale d'artiglieria, il «grande corso» aveva infatti avuto Pierre-Simon de Laplace come professore. E aveva dimostrato allora, e conservato in seguito, un certo interesse per la matematica e i matematici. Ad esempio, portò nel 1798 Joseph Fourier con sé nella campagna d'Egitto, e ve lo lasciò per un po' come governatore.

Il libro di Mascheroni, in particolare, affascinò Napoleone al punto che egli, oltre a risolverne gli esercizi e a farlo tradurre in francese, ne parlò il 10 dicembre 1797 allo stesso Laplace e a Joseph-Louis Lagrange, durante la celebrazione per la pace di Campoformio. La loro reazione fu di ovvio stupore: «Tutto ci aspettavamo da voi, generale, meno che una lezione di matematica».

Poco dopo, nel 1799, Napoleone nominò Laplace ministro degli Interni. Ma chiese le sue dimissioni dopo sei sole settimane perché, come raccontò il generale nel memoriale di Sant'Elena, il matematico «aveva portato lo spirito dell'infinitamente piccolo nella conduzione degli affari governativi».

Comunque, questo non interruppe i rapporti fra i due. Fu proprio durante un loro famoso incontro, l'8 agosto 1802, che Laplace espose a Napoleone i dettagli della sua *Meccanica celeste*. E a una sua domanda, sul perché non avesse mai fatto menzione del nome di Dio, rispose: «Perché, Sire, non ho bisogno di quell'ipotesi». Qualche giorno dopo Napoleone riferì il colloquio a Lagrange, che confermò. Ma aggiunse: «Però era una bella ipotesi, che spiegava facilmente molte cose».

Nel 1812 anche Laplace dedicò a Napoleone un suo libro, la *Teoria analitica delle probabilità*. Ma nel 1814 votò al Senato contro la sua restaurazione. E nelle successive edizioni rimosse ovviamente la dedica, come aveva fatto Beethoven nel 1804 per il titolo della sinfonia *Eroica*, che in origine si chiamava *Bonaparte*.

La dedica della *Geometria del compasso*, invece, era caduta nella traduzione francese del 1798. E già nell'edizione originale italiana non si faceva menzione del fatto che uno dei problemi risolti nel libro di Mascheroni («trovare il centro di un cerchio usando solo il compasso») era stato posto dallo stesso Napoleone, al quale era venuto in mente durante una campagna militare in Germania.

Apparentemente dovuto a Napoleone è anche un bel teorema di geometria elementare, che ancor oggi porta appunto il suo nome: *se sui lati di un triangolo qualunque si costruiscono tre triangoli equilateri, i loro centri formano i vertici di un triangolo equilatero.*

I tre triangoli equilateri vengono in genere costruiti verso l'esterno. Ma la cosa rimane vera anche se vengono costruiti verso l'interno. Inoltre, se si sottrae il secondo triangolo equilatero così ottenuto dal primo, si ottiene una figura che ha la stessa area del triangolo di partenza!

La prima apparizione ufficiale del teorema «di Napoleone» è del 1825, a imperatore morto ma ancora tiepido, in un articolo di un tal Rutherford per un almanacco intitolato *Diario delle signore*. Di dimostrazioni oggi ce ne sono parecchie, e di vari tipi: geometriche, trigonometriche, analitiche.

Visivamente il teorema si può intuire dal fatto che, mettendo insieme tre copie del triangolo di partenza, e i tre triangoli equilateri costruiti sui suoi lati, si ottiene una piastrella esagonale non regolare, che pavimenta da sola l'intero piano. E questa pavimentazione irregolare equivale a una pavimentazione regolare con una piastrella triangolare equilatera, determinata dai centri dei tre triangoli equilateri.

Naturalmente, qualora il triangolo di partenza sia già equilatero, si ottiene una doppia pavimentazione regolare autoduale, formata in un caso dall'esagono ottenuto mettendo insieme sei triangoli equilateri uguali (tre copie di quello di partenza, e i tre costruiti sui suoi lati), e nell'altro da un triangolo equilatero.

L'attribuzione del teorema a Napoleone, per quanto se ne sa, è tarda. Sembra risalga alla diciassettesima edizione degli *Elementi di geometria* di Aureliano Faifofer, pubblicata nel 1911. Poiché l'autore morì nel 1909, non è chiaro se si tratti di una scoperta della sua ultima ora, o di un'invenzione dei suoi curatori.

In ogni caso, oggi è diventata di uso comune, e fornisce una possibile soluzione a un dubbio espresso da Goethe: «La leggenda di Napoleone lascia la stessa impressione dell'Apocalisse di san Giovanni: deve nascondere qualcosa, ma non si sa cosa». Forse ciò che l'imperatore nascondeva, ma neppure troppo, era appunto la sua passione per la matematica?

Lo strano caso del buco quadrato

La retta di Eulero, i *sangaku* giapponesi, la costruzione di Gauss e il teorema di Napoleone sono altrettanti esempi di risultati che i Greci mancarono, benché fossero alla loro portata. Si tratta però di sviluppi per nulla ovvi, e niente affatto impliciti in ciò che essi avevano già ottenuto.

Più stupefacente è che qualcosa di quasi banale sia invece rimasto nascosto per due millenni fra le righe degli *Elementi* di Euclide. Anzi, addirittura nella loro prima proposizione! Quella che mostra come costruire un triangolo equilatero con riga e compasso: partendo da un segmento qualunque, si punta il compasso a un estremo, si fa un arco di cerchio avente per raggio il segmento dato, e si ripete la cosa dall'altro estremo.

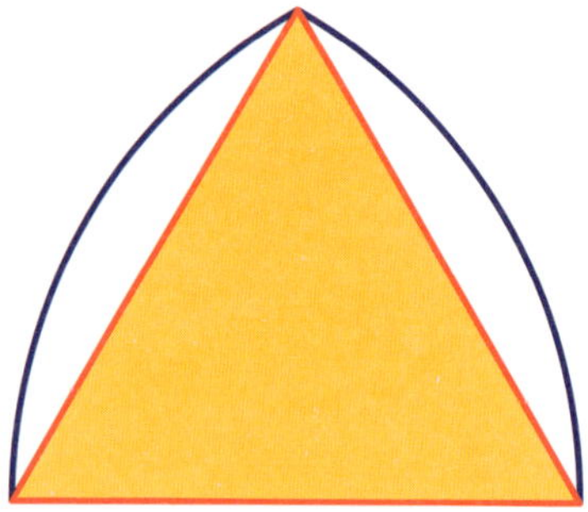

I due archi di cerchio dovrebbero incontrarsi in un punto, che costituisce il terzo vertice del triangolo equilatero. «Dovrebbero», perché nessuno degli assiomi di Euclide assicura che lo facciano! Ci sarebbe bisogno di un appropriato «assioma di continuità», che dica che non ci sono buchi negli archi di cerchio. E, più in generale, che non ci sono buchi nelle costruzioni effettuate con riga e compasso.

A parte gli assiomi mancanti, di solito gli archi di cerchio tracciati col compasso nella dimostrazione si dimenticano. E si ricordano soltanto i segmenti tracciati con la riga, che costituiscono appunto il triangolo equilatero che si voleva ottenere.

Soltanto nel 1876 qualcuno, nella fattispecie l'ingegnere tedesco Franz Reuleaux nel suo libro *La cinematica delle macchine*, ha pensato di fare il contrario. Cioè, ricordare gli archi di cerchio e dimenticare i segmenti. Si ottiene così una figura che, completata col mancante terzo arco di cerchio, si chiama appunto *triangolo di Reuleaux*.

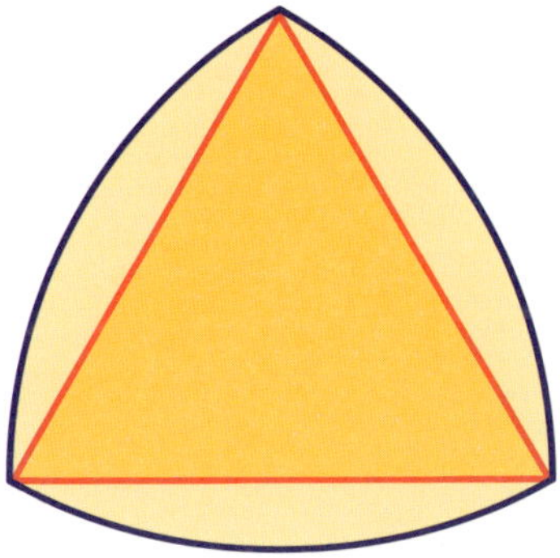

Una volta identificato, può però capitare di incontrare questo triangolo curvilineo nelle occasioni più disparate: la sezione della pianta del papiro, le decorazioni del tempio di Osiride ad Abydos, i rosoni dell'abbazia cistercense di Hauterive o di Notre Dame di Bruges, lo stemma della Lancia, i plettri delle chitarre. Oltre a tavoli, sedie, piatti, maniglie per le porte, telefoni e altri oggetti di design.

Calcolare il *perimetro* di questa figura è semplice, ricordando che un triangolo equilatero costituisce un sesto di un esagono regolare. Un lato curvilineo del triangolo di Reuleaux è dunque pari a un sesto della circonferenza avente il lato rettilineo del triangolo come suo raggio *r*. In

Finestra della cattedrale di Notre Dame a Bruges in Belgio.

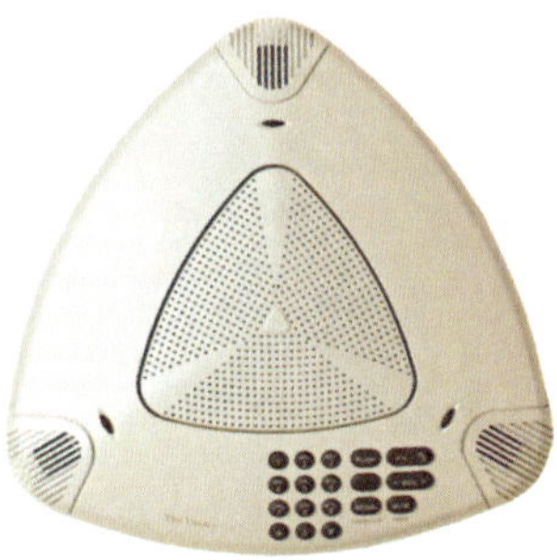

tutto, facendo tre volte un sesto (cioè, un mezzo) della circonferenza di lunghezza $2\pi r$, si ottiene

$$P = \pi r$$

Quanto all'*area*, a un mezzo di quella del cerchio (πr^2) bisogna togliere due volte quella del triangolo ($r^2\sqrt{3}/4$), perché prendendo tre spicchi si calcola tre volte il triangolo, invece che una sola. Si ottiene così

$$A = (r^2/2)\ (\pi - \sqrt{3})$$

L'interesse di tutto ciò sta nel fatto che, per costruzione, *il triangolo di Reuleaux è una figura ad ampiezza costante*. Cioè, la distanza tra due rette parallele tangenti (o, se si preferisce, la misura con un calibro) è sempre la stessa in tutte le direzioni. Ed è, precisamente, uguale al lato r del triangolo equilatero rettilineo.

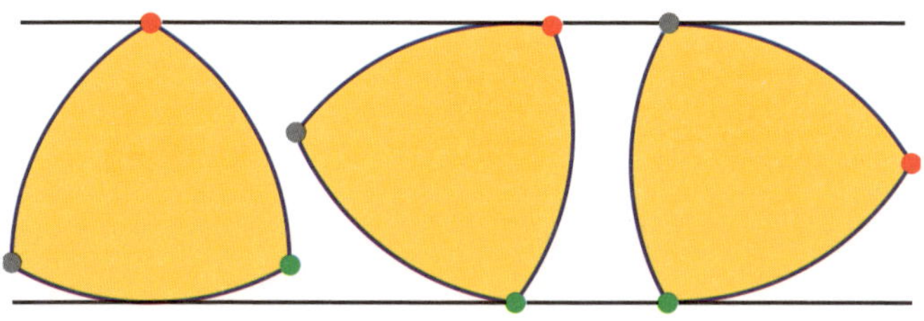

Naturalmente, anche il cerchio di diametro r ha la stessa proprietà, il che dimostra che *il cerchio non è l'unica figura ad ampiezza costante*. Se poi paragoniamo le misure del cerchio con quelle del triangolo, ci accorgiamo che esso ha lo stesso perimetro (πr), ma un'area maggiore ($\pi r^2/4$). In particolare, nella formula dell'area del triangolo di Reuleaux il fattore $\sqrt{3} \approx 1{,}732$ viene sostituito dal fattore $\pi/2 \approx 1{,}570$.

Il cerchio e il triangolo di Reuleaux non sono però le uniche figure di ampiezza costante. Anzitutto, il triangolo può essere sostituito con qualunque poligono regolare che abbia un numero dispari di lati, puntando il compasso sul vertice opposto a ciascun lato: lo dimostrano, ad esempio, le monete inglesi ettagonali da 20 e 50 pence. Inoltre, i vari poligoni possono essere sostituiti dalle figure che si ottengono prolungando i lati oltre i vertici, da ciascuno dei quali si possono tracciare due archi di cerchio appropriati, invece che uno solo.

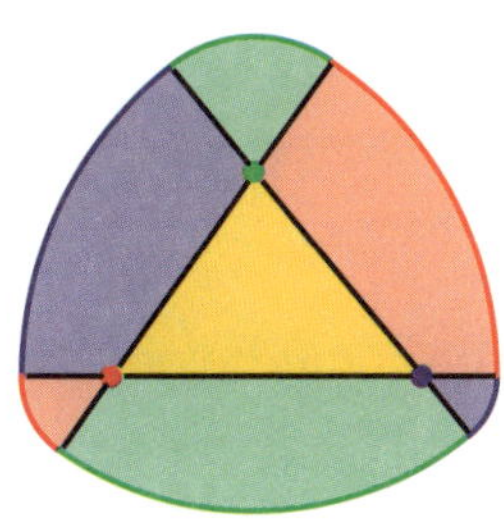

La cosa interessante è che *tutte le curve con la stessa ampiezza costante hanno lo stesso perimetro*. Lo si può verificare in particolare negli esempi considerati. E lo dimostrò in generale nel 1860 Joseph Barbier: un singolare matematico francese che, a un certo punto della sua vita, decise di farsi prete, e finì invece in manicomio per quindici anni.

A differenza del perimetro, che è fisso, *l'area di una curva ad ampiezza costante è compresa fra il minimo del corrispondente triangolo di Reuleaux, e il massimo del corrispondente cerchio*. Che il cerchio abbia area massima fra le figure con la stessa ampiezza costante è una conseguenza del teorema di Barbier e della *proprietà isoperimetrica* dimostrata da Jakob Steiner nel 1838, secondo cui il cerchio ha area massima fra le figure con lo stesso perimetro. Che invece il triangolo di Reuleaux abbia area minima fra le figure con la stessa ampiezza costante è stato dimostrato da Henri-Léon Lebesgue nel 1914, e da Wilhelm Blaschke nel 1915.

Per la sua stessa definizione, *una figura ad ampiezza costante può rotolare dentro una guida che abbia la stessa ampiezza come passo*. La cosa funziona bene per le monete, ma meno bene per le ruote: il centro di rotazione non è fisso, infatti, e il movimento di un veicolo risulterebbe un po' traballante. A meno che gli accidenti del terreno non compensassero esattamente lo spostamento del centro di rotazione.

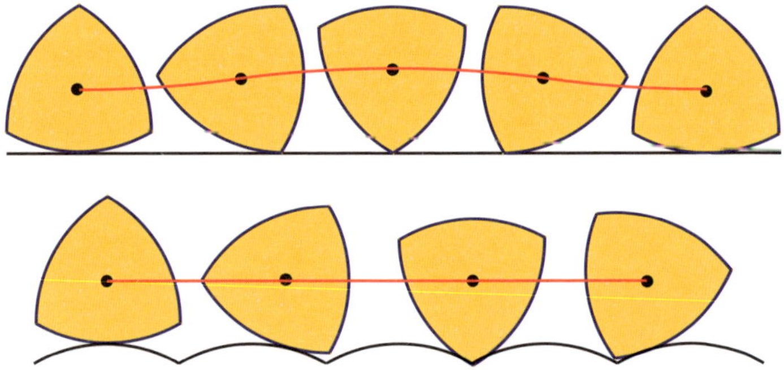

Analogamente, *una figura ad ampiezza costante può ruotare dentro un quadrato che abbia la stessa ampiezza come lato*. Ma il cerchio è costretto a mantenere il suo centro fisso nel centro del quadrato, e può spazzare soltanto un'area pari a $\pi/4 \approx 0{,}785$ di quella del quadrato. Il triangolo di Reuleaux, invece, ha più libertà: il suo centro riesce a muoversi lungo una figura quasi circolare, composta di quattro archi di ellisse, e a spazzare un'area pari a circa 0,987 di quella del quadrato!

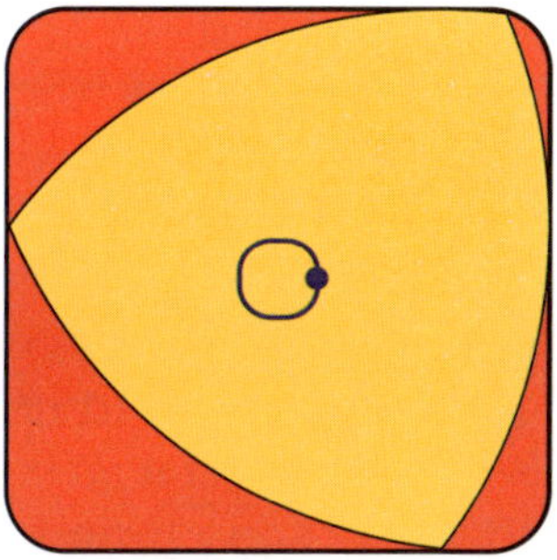

E questo significa che, con un trapano a punta di triangolo di Reuleaux, brevettato nel 1914 da Harry Watt in Pennsylvania, si riescono a fare buchi praticamente quadrati. Sorprendentemente la punta del trapano non è altro che la *pajarita*, «farfalla», usata dai Mori nelle piastrellazioni dell'Alhambra (vedi pagina 9).

Con un pistone della stessa forma, brevettato nel 1957 da Felix Wankel in Germania, si riescono invece a fare motori più economici e potenti di quelli a pistone circolare. A conferma del fatto che, a volte, anche la matematica apparentemente più oziosa trova applicazioni sorprendentemente dinamiche.

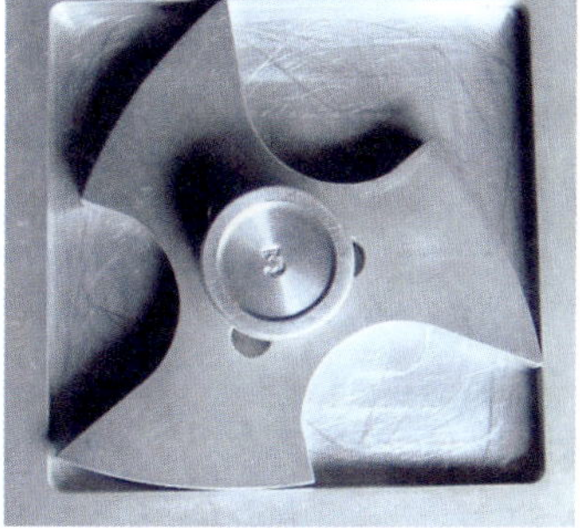

Ovviamente, la costruzione planare del triangolo di Reuleaux si può spazializzare, e produce un *tetraedro di Reuleaux*. Che, però, *non* è un solido ad ampiezza costante! Così come non lo sono gli altri poliedri di Reuleaux, ottenuti analogamente. E non lo sono, più in generale, i solidi che si ottengono per intersezione di un numero finito di sfere.

Nel 1912 Ernst Meissner e Friedrich Schilling hanno comunque dimostrato che esistono dei solidi ad ampiezza costante. L'esempio più naturale è quello che si ottiene facendo ruotare un triangolo di Reuleaux attorno a un suo asse di simmetria. E poiché la stessa cosa succede per qualunque figura bidimensionale ad ampiezza costante che abbia un tale asse, in realtà *ci sono infiniti solidi ad ampiezza costante*, visto che ci sono infinite figure piane ad ampiezza costante.

Tripla trisezione

Il triangolo di Reuleaux è un esempio di costruzione che i Greci sicuramente fecero, senza però prestarle l'attenzione che meritava. Una costruzione che sicuramente non fecero, invece, fu quella di tracciare le trisettrici degli angoli di un triangolo.

Questa volta avevano ottimi motivi per non farla. Come abbiamo già ricordato, Wantzel ha infatti dimostrato nel 1837 che la trisezione dell'angolo non si può in generale effettuare con riga e compasso. Anche se una semplice modifica del compasso, inventata da Rufus Isaacs, permette di farlo facilmente.

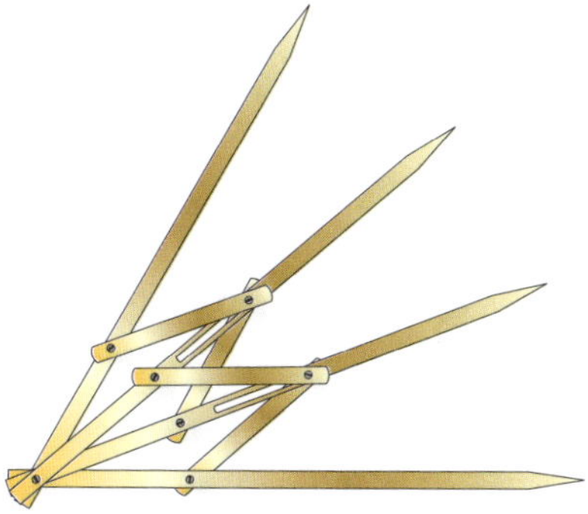

Le difficoltà incontrate nel tentativo di risolvere un problema impossibile, almeno con gli strumenti ai quali avevano deciso di limitarsi, distrassero evidentemente i Greci dal domandarsi cosa sarebbe successo se, invece di considerare le intersezioni delle bisettrici degli angoli di un triangolo, si fossero considerate le intersezioni delle trisettrici.

Nel primo caso, la Proposizione IV.4 degli *Elementi* dimostra che le bisettrici di un triangolo si incontrano in un punto chiamato *incentro*, perché è il centro del cerchio inscritto. Nel secondo caso, nel 1899 Frank Morley scoprì che *i punti di intersezione delle trisettrici adiacenti di un triangolo qualunque si incontrano nei vertici di un triangolo equilatero.*

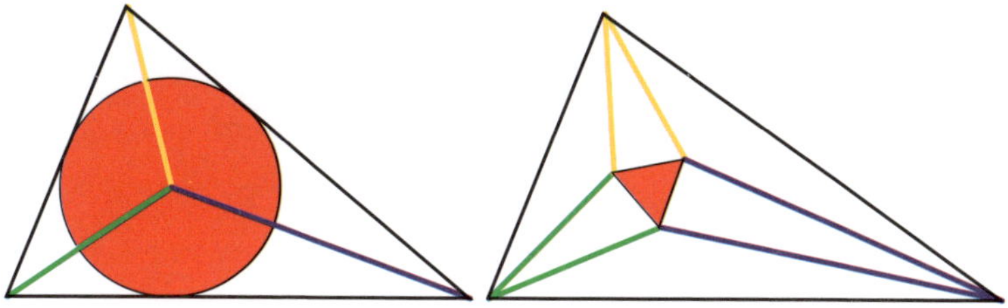

Di dimostrazioni di questo sorprendente teorema ce ne sono molte e di vario genere, dal trigonometrico al geometrico. La più elementare è quella scoperta da John Conway nel 1995, che procede a marcia indietro: parte da un triangolo equilatero e costruisce su di esso tre triangolini aventi i suoi lati come basi, e tali che i tre vertici opposti alle basi formino un triangolo simile a quello da trovare.

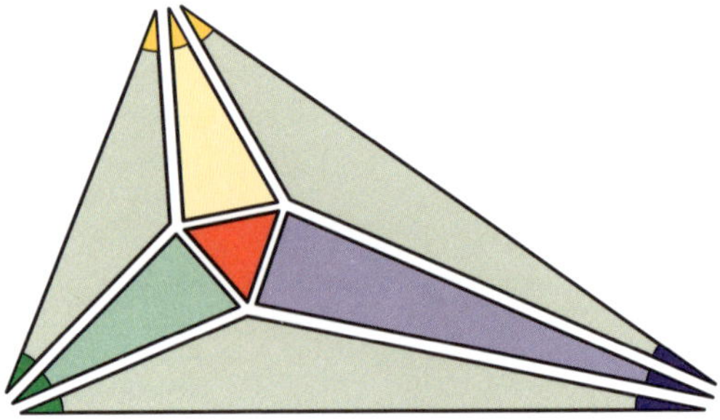

Perché la cosa funzioni, è necessario e sufficiente che gli angoli al vertice dei triangolini siano un terzo dei corrispondenti angoli del triangolo dato. E che i due angoli alla base siano, ciascuno, 60 gradi più un terzo di uno dei rimanenti angoli del triangolo dato. Il motivo è che gli angoli dei triangolini devono sommare a 180 gradi, e quelli attorno ai vertici del triangolo equilatero a 360 gradi.

Ma la storia non finisce così. Anzitutto, se invece di prendere le trisettrici degli angoli interni si prendono quelle degli angoli esterni, formati da un lato e dal proseguimento di quello adiacente, si scopre che anche *i punti di intersezione delle trisettrici esterne adiacenti di un triangolo qualunque si incontrano nei vertici di un triangolo equilatero.*

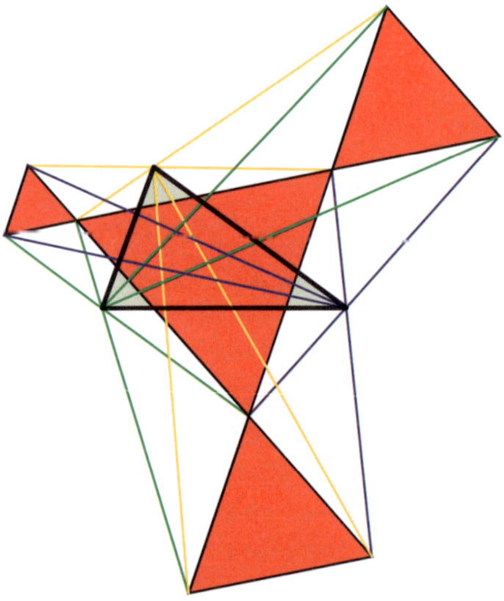

Inoltre, non è necessario considerare soltanto bisettrici adiacenti, interne o esterne. In tutto, ben 18 loro combinazioni portano a triangoli equilateri! Addirittura, non è nemmeno necessario considerare un vero triangolo: si può far scivolare uno dei vertici all'infinito, nel qual caso le trisettrici diventano semplicemente rette parallele equidistanti.

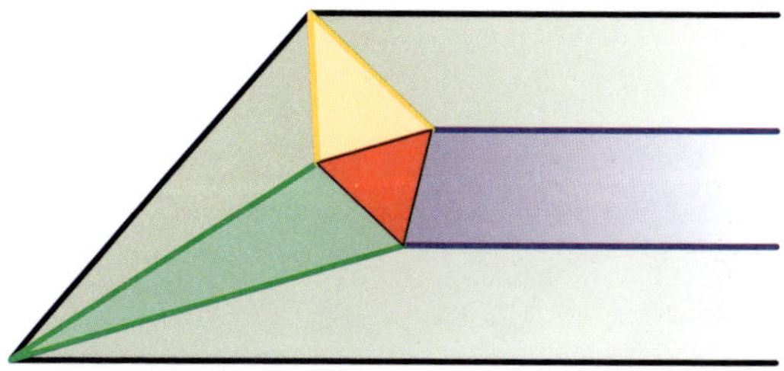

Il che dimostra, insieme agli altri risultati di questo capitolo, che ci sono molte più cose nel cielo della geometria euclidea di quante se ne sognasse lo stesso Euclide.

La tattica del ripiegamento

I *sangaku*, dai quali abbiamo iniziato, non sono gli unici apporti originali dei giapponesi alla geometria. Ben più conosciuti di loro sono gli *origami*, «carta piegata» (da *ori*, «piegare», e *kami*, «carta»), coi quali chiudiamo il capitolo.

Gli *origami* costituiscono un passatempo storico non solo in Oriente, ma anche in Occidente. Ad esempio, se ne trova una testimonianza già nel 1492, in un'edizione del duecentesco *Trattato sulla Sfera* di John of Holywood (Giovanni Sacrobosco): si tratta della famosa barchetta di carta, che quasi tutti abbiamo costruito da bambini.

La prima testimonianza giapponese risale a un verso di Ihara Saikaku del 1680, nel quale gli *origami* sono ancora indicati con un vecchio nome: *Rosei-ga yume-no cho-wa ori-sue*, «le farfalle del sogno di Rosei erano degli origami». Il riferimento è a un particolare modello in cui due farfalle, una maschile e una femminile, venivano ripiegate una

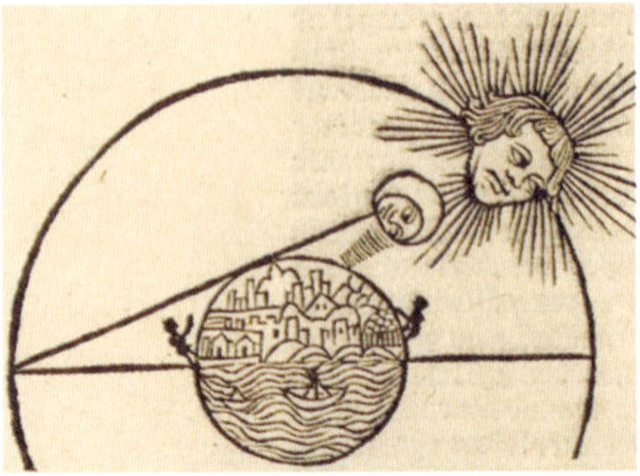

Illustrazione dal *Trattato sulla Sfera* di Giovanni Sacrobosco, edizione del 1492.

Utagawa Kunisada, *Donna con origami*, 1845 ca.

sull'altra: lo si usava nelle cerimonie shintoiste per i matrimoni, per incartare le bottiglie di *sake*.

Sembra comunque che la tradizione di piegare i fogli in modo da produrre le più disparate e variopinte figure sia iniziata in Giappone un millennio prima, non appena i monaci buddhisti importarono dalla Cina la carta. Effettivamente, quest'ultima ha una proprietà che la rende adatta non solo agli *origami*, ma anche alla geometria: quando la si piega, cioè, si ottengono automaticamente delle pieghe rettilinee. Dunque, le costruzioni con le pieghe costituiscono un analogo delle costruzioni con la riga.

In realtà, ci si accorge presto che ripiegando la carta si possono ottenere tutte le costruzioni di punti e rette che nella

geometria euclidea si ottengono con la riga e il compasso, usando il primo e il terzo assioma di Euclide. Congiungere due punti con un segmento rettilineo corrisponde infatti a fare una piega che passi per i due punti. E anche se non si può costruire direttamente un cerchio avente un segmento come raggio e uno dei suoi estremi come centro, si può indirettamente ottenere qualunque punto del cerchio in qualunque direzione dal centro, riportando il raggio in quella direzione.

La piega ottenuta nell'ultima costruzione corrisponde, in particolare, alla bisettrice dell'angolo formato dal raggio e dalla direzione data: cioè alla dimostrazione della Proposizione I.9 degli *Elementi*, secondo la quale si può appunto bisecare un angolo. Altrettanto banale è la dimostrazione della Proposizione I.10, secondo la quale si può invece bisecare un segmento: in tal caso, basta ripiegare un estremo del segmento sull'altro, ottenendo la bisettrice come piega.

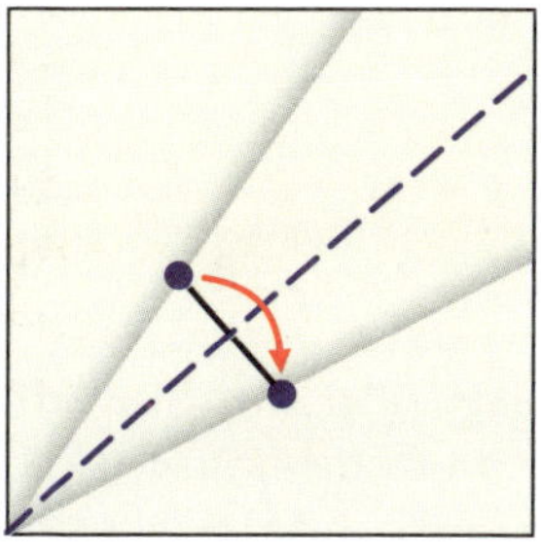

Dimostrare la Proposizione I.12, secondo la quale si può tirare la perpendicolare a una retta data passando per un punto, non è molto più difficile: basta fare una piega che passi per il punto, e ripieghi la retta data su se stessa. Se poi si ripete la costruzione, tirando la perpendicolare alla perpendicolare passante per il punto, si ottiene una parallela alla retta data.

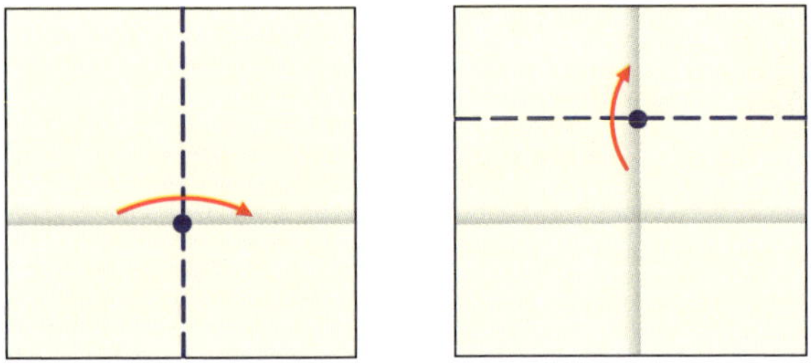

Tipica della semplificazione della geometria euclidea che si può ottenere mediante gli *origami* è l'immediata dimostrazione della cruciale Proposizione I.32, secondo la quale la somma degli angoli di un triangolo è uguale a un angolo piatto. Questa volta basta costruire l'altezza relativa a un lato, mediante la perpendicolare passante per il vertice opposto. E poi ripiegare sul piede dell'altezza i tre vertici, notando che in tal modo i tre angoli del triangolo si dispongono appunto in maniera da coprire un angolo piatto.

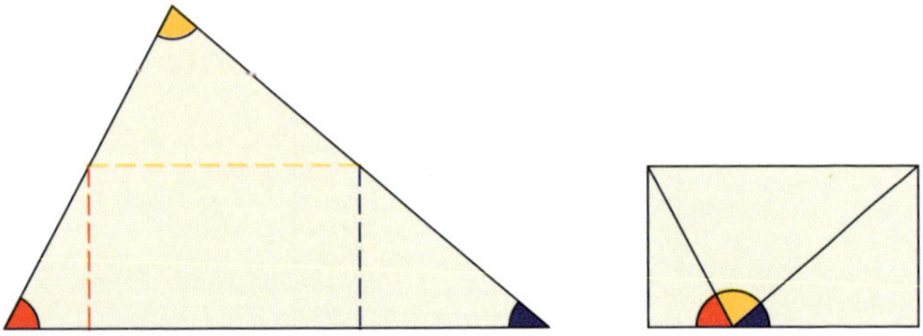

Gli *origami* costituiscono dunque un approccio alternativo alla geometria euclidea, e fin dal 1893 furono introdotti come strumenti didattici dall'indiano Sundara

Row negli *Esercizi geometrici con la piegatura della carta*. Ma, sorprendentemente, le potenzialità delle pieghe superano di gran lunga quelle della riga e del compasso! Lo notò per prima Margherita Piazzolla Beloch, in due articoli pionieristici del 1936: *Sul metodo del ripiegamento della carta per la risoluzione dei problemi geometrici*, e *Sulla risoluzione dei problemi di terzo e quarto grado col metodo del ripiegamento della carta*.

Ad esempio, *mediante gli origami si può trisecare un angolo*. Un modo particolarmente semplice di farlo consiste nel notare che la trisezione di un angolo deriva da una terna di triangoli rettangoli uguali, disposti come nell'ultima figura. Per costruirli, basta fissare a piacere la lunghezza del loro cateto minore, e riportarne il doppio su una delle rette che definiscono l'angolo, e sulla parallela all'altra alla distanza scelta.

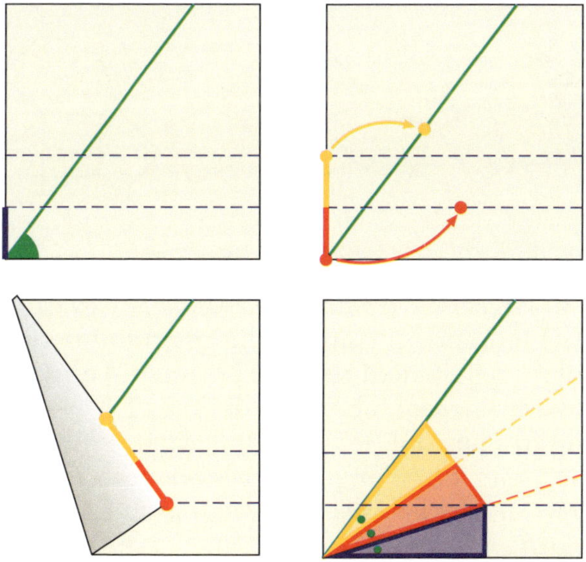

Naturalmente, l'aspetto cruciale della costruzione sta nel posizionare appropriatamente un segmento di lunghezza data su due rette. La cosa negli *origami* si può fare facilmente, ma nella geometria euclidea è impossibile, in mancanza di righe graduate o di compassi non collassabili: cioè, che mantengono l'apertura anche quando sono sollevati dal foglio. Già Archimede e Nicomede si erano accorti, verso il –250, che l'uso di uno qualunque di questi due strumenti permetteva la trisezione dell'angolo.

Quanto ai poligoni regolari, ovviamente quelli costruibili con riga e compasso sono anche costruibili con gli *origami*. Ad esempio, il pentagono e l'eptadecagono si possono facilmente ottenere con le costruzioni proposte alle pagine 119 e 122.

Ma si può fare molto di più. Infatti, poiché si possono non solo bisecare, ma anche trisecare gli angoli, si possono non solo «raddoppiare», ma anche «triplicare» i lati dei poligoni costruibili. In particolare, partendo dal triangolo regolare, *mediante gli origami si può costruire l'ennagono regolare*, che non è invece costruibile con riga e compasso.

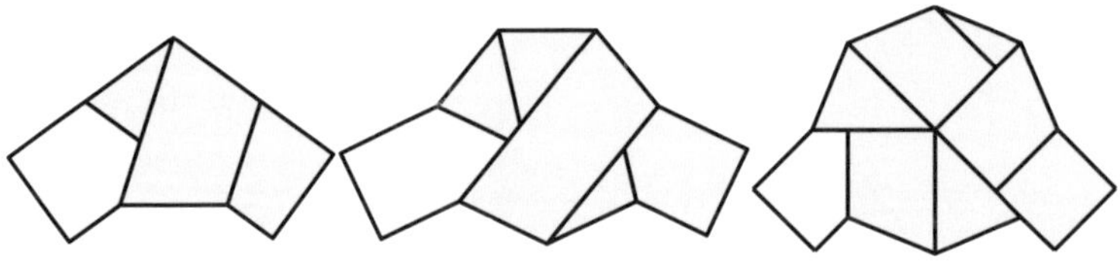

Più in generale, nel 1990 Benedetto Scimemi ha dimostrato in *Algebra e geometria piegando la carta* un'estensione del teorema di Gauss sulla costruibilità di poligoni regolari, nel quale il ruolo dei primi di Fermat è preso dai *primi di Pierpont*, che sono del tipo $2^n 3^m + 1$. Esempi di primi di Pierpont, ma non di Fermat, sono 7, 13 e 19: dunque, *mediante gli origami si possono costruire tutti i poligoni regolari con un numero di lati fino a 21, con la sola eccezione dell'endecagono.*

Naturalmente, le costruzioni con gli *origami* non si limitano alle figure piane. Anzi, fin dagli inizi, il loro uso più tipico è stato nella costruzione di figure tridimensionali, compresi i solidi regolari e non. E come già nella geometria piana, anche nella geometria solida essi per-

mettono di andare oltre le costruzioni euclidee con riga e compasso.

In particolare, *mediante gli origami si può duplicare il cubo*. Un modo semplice di farlo consiste nel notare che la duplicazione del cubo deriva da una terna di triangoli rettangoli simili, disposti come nella figura. Per costruirli, basta fissare a piacere due segmenti perpendicolari di lunghezza uno doppio dell'altro, e rifletterne gli estremi su due rette simmetriche rispetto al loro punto d'incontro.

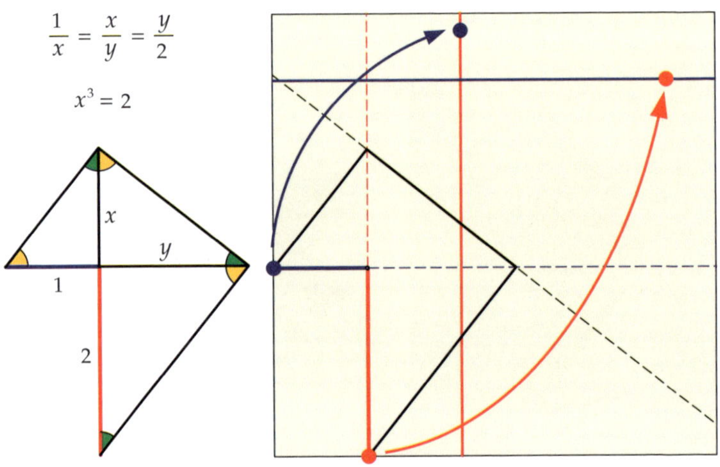

Oltre a estendere la geometria euclidea, arrivando fino a risolverne alcuni classici problemi insoluti e insolubili, gli *origami* aprono anche nuovi orizzonti. L'esempio più originale è forse il *teorema di Haga*, dimostrato da Kazuo Haga nel 1979, ma già anticipato in un *sangaku* di almeno un secolo prima: dunque, un anello di congiunzione fra le due forme peculiari della matematica giapponese che abbiamo considerato.

Si tratta del fatto che *ripiegando un vertice di un quadrato su un lato, si ottengono sempre tre triangoli rettangoli simili*. La dimostrazione è banale, perché basta osservare gli angoli. Ma le conseguenze non lo sono affatto, perché da questa similitudine e dal teorema di Pitagora segue che *se uno dei lati dei tre triangoli rettangoli è una frazione del lato del quadrato, altrettanto lo sono tutti gli altri*, come mostra l'esempio in figura.

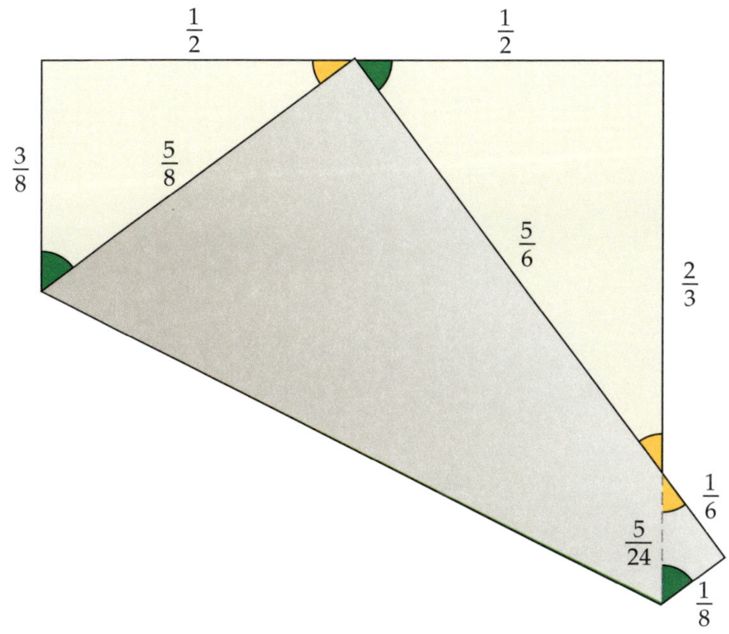

V
Il parricidio di Euclide
Da Saccheri a Bolyai e Lobačevskij

Nella seconda parte dei *Fratelli Karamazov* (libro V, capitolo III) Ivan e Alioscia hanno una lunga conversazione teologica in trattoria, nel corso della quale il primo se ne esce inaspettatamente con queste parole:

> Posto che Dio esista, e che abbia realmente creato la Terra, questa, come tutti sappiamo, è stata creata secondo la geometria euclidea, e l'intelletto umano è stato creato idoneo a concepire soltanto uno spazio a tre dimensioni. Vi sono stati, invece, e vi sono pure ora, geometri e filosofi, anche fra i più grandi, i quali dubitano che tutta la natura, o più ampiamente tutto l'universo, sia stato creato secondo la geometria euclidea. E s'avventurano perfino a supporre che due linee parallele, che secondo Euclide non possono a nessun patto incontrarsi sulla Terra, potrebbero anche incontrarsi prima o poi nell'infinito ...
>
> Umilmente riconosco che in me non c'è nessuna capacità di risolvere problemi simili: in me c'è una mente euclidea, terrestre, e come potrei pretendere di ragionare su ciò che non è di questo mondo? E anche a te, Alioscia, consiglio di astenerti sempre dal pensare a queste cose: soprattutto, se Dio esista o non esista. Queste son tutte questioni assolutamente inadatte a un'intelligenza creata col concetto d'uno spazio unicamente tridimensionale.

Il brano è una testimonianza del fatto che, verso il 1880, l'esistenza delle geometrie non euclidee era ormai arrivata anche alle orecchie di uno scrittore come Dostoevskij. Il quale però, rivelandosi sordo al vero problema delle paral-

Vasilij Gregor'evič Perov,
Ritratto di Fëdor Dostoevskji, 1872.

lele, finì per scodellare a sproposito questa bella insalata russa, e a confondere in poche righe geometria euclidea, geometria tridimensionale, geometria sferica e geometria proiettiva!

Teoremi per versi

Quasi un millennio prima dello scrittore russo, il persiano 'Omar Khayyam aveva dimostrato una ben maggiore sensibilità matematica. E forse anche letteraria, essendo l'autore delle famose *Rubaiyat*, «Quartine», che l'Occidente è venuto a conoscere nell'Ottocento in una libera e popolare traduzione inglese di Edward Fitzgerald.

Nel saggio *L'enigma di Edward Fitzgerald*, Borges avanza

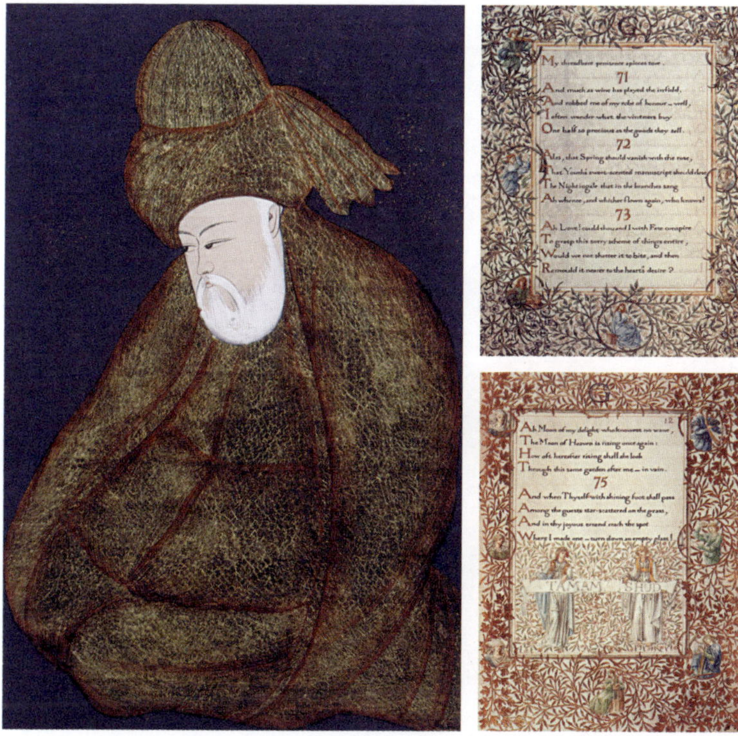

Ritratto di 'Omar Khayyam in una miniatura persiana
e pagine delle *Rubaiyat* nella traduzione inglese di Edward Fitzgerald,
miniate da William Morris, 1859.

al proposito addirittura «una congettura di ordine metafisico»: che il traduttore delle *Rubaiyat* sia stato una reincarnazione dell'autore! E che «dalla fortuita congiunzione di un astronomo persiano che condiscese alla poesia, e di un inglese eccentrico che scorse, forse senza intenderli appieno, libri orientali e ispanici, sorse uno straordinario poeta, che non somiglia a nessuno dei due».

Non è dunque facile, per un lettore occidentale, capire quanto sia stato scritto da Khayyam, e quanto invece ci abbia messo di suo Fitzgerald. I lettori persiani comunque non ebbero dubbi sul valore dell'originale, almeno a giudicare dal mausoleo che dedicarono alla prima incarnazione del poeta a Nishapur, sua città natale.

Jay Hambidge, *Alla tomba di 'Omar Khayyam*, inizi XX secolo.

Quartine a parte, il vero lascito di Khayyam è la sua opera scientifica. Quattrocento anni prima di Copernico, egli (ri)scoprì infatti il sistema eliocentrico. E cinquecento anni prima di Gregorio XIII, riformò il calendario in maniera ancora più precisa di quella papale. Conscio dei propri risultati, e giocando sull'etimologia del proprio cognome, che significa «tendaio», lui stesso si definì come «Khayyam, che ha cucito la tenda della scienza».

Ma è nella matematica che si trovano i segni più duraturi del suo genio. Anzitutto, nel *Trattato sulla risoluzione dei problemi algebrici*, del 1070, nel quale il poeta matematico mostrò come risolvere le equazioni di terzo grado in maniera geometrica, mediante intersezioni di iperboli e cerchi.

E poi nella *Spiegazione delle difficoltà nei postulati di Euclide*, del 1077. Ovviamente, il postulato più «difficoltoso» era quello sulle parallele. Khayyam decise di «spiegarlo» sostituendolo con uno equivalente, mutuato da Aristotele, che chiamò *principio del filosofo*. Semplicemente, esso stabilisce che *se due rette iniziano a convergere, continuano a convergere*.

Sulla base di questo postulato alternativo, Khayyam dimostrò le proposizioni che Euclide aveva dimostrato sulla base del postulato delle parallele. Il suo scopo non era dunque lo stesso dei primi commentatori degli *Elementi*, che avevano inutilmente cercato di dimostrare il quinto postulato sulla base dei rimanenti primi quattro.

Fin dal secolo –I alcuni di questi commentatori, da Posidonio a Gemino, si erano illusi di poter risolvere il problema facilmente, definendo le parallele come *rette equidistanti*. Ma non si erano accorti di un circolo vizioso: per poter dimostrare che il luogo dei punti equidistanti da una retta costituisce a sua volta una retta, è necessario fare appello al quinto postulato!

Forte del suo postulato alternativo, Khayyam si dedicò invece a un più proficuo studio di ciò che può succedere quando si prendono due punti equidistanti da una retta data, e si considera la retta che li congiunge. Si ottiene ovviamente un quadrilatero, i cui angoli alla base sono retti.

Il problema è capire come sono gli altri due. Per simmetria, risultano certamente uguali. Ma ci sono tre casi possibili: che entrambi siano maggiori, uguali o minori di un angolo retto. Usando il principio del filosofo, Khayyam riuscì a dimostrare che i due casi estremi erano impossibili. Dunque, rimaneva soltanto una possibilità: che il quadrilatero fosse un rettangolo.

Quanto all'equidistanza dei lati opposti del rettangolo, essa segue ovviamente dal postulato delle parallele, e quindi dall'equivalente postulato del filosofo. Ma sei secoli dopo, nel 1680, Giordano Vitale si accorse nell'*Euclide restituto, ovvero gli antichi elementi geometrici ristaurati e facilitati* che si poteva derivare qualcosa anche *senza* il postulato delle parallele.

Precisamente, il quarto lato del quadrilatero di Khayyam ha, per costruzione, *due* punti equidistanti dalla base data: cioè, i suoi vertici estremi. Vitale dimostrò che basta che ne abbia *tre* perché l'intero lato risulti equidistante dalla base. Come conseguenza, egli poté chiudere il cerchio aperto dai commentatori di Euclide, e stabilire che *il postulato delle parallele è equivalente all'esistenza di rette equidistanti.*

Gli «Elementi» in tintoria

Se, come suggerisce Borges, la reincarnazione poetica di 'Omar Khayyam fu Edward Fitzgerald, allora la sua reincarnazione matematica fu padre Girolamo Saccheri, che oggi consideriamo come un inconscio precursore delle geometrie non euclidee.

Nel 1697, pochi anni dopo l'opera di Vitale, il gesuita pubblicò una *Logica dimostrativa,* nella quale elogiava in particolare la *consequentia mirabilis.* Cioè, uno strano e sofisticato tipo di dimostrazione che arriva ad affermare una proposizione, assumendo la sua negazione e mostrando che essa implica l'affermazione stessa, e dunque una contraddizione.

Un semplice esempio è la proposizione che «ci sono delle verità». Per dimostrarla secondo il metodo della *consequentia mirabilis,* si assume la sua negazione, cioè che «non ci sono delle verità». E si nota che se fosse vera, sarebbe già essa stessa una verità. Dunque, è falso che «non ci sono delle verità». E allora è vero che «ci sono delle verità».

Poiché questo tipo di ragionamento fa girare la testa, e rischia facilmente di confondere, vi si deve far ricorso solo in casi disperati, quando non si sa più a che santo votarsi. Saccheri pensò che, dopo duemila anni di falliti tentativi di dimostrazione, il postulato delle parallele fosse appunto uno di questi casi.

Decise dunque di provare a dimostrare il postulato delle parallele, cercando di derivare contraddizioni a partire dalla sua negazione. Ora, anche senza il postulato si può dimostrare l'esistenza di una parallela a una retta data, che passa per un punto fuori di essa: precisamente, la perpendicolare alla perpendicolare. Il quinto postulato afferma che di parallele ce n'è una sola, cioè quella. La sua negazione, dunque, afferma che ce n'è più d'una.

Immaginarsi parallele multiple non è facile, ovviamente. Sicuramente, per il risultato di Vitale, esse non possono essere equidistanti dalla retta data: dunque, nonostante il nome di «rette», dovranno in realtà essere delle curve. Questo l'aveva già intuito Gemino, notando che in fondo la definizione di Euclide permetteva di considerare un'iperbole e un suo asintoto come due «parallele», perché non si incontrano mai.

Saccheri affrontò il problema considerando tutte le rette passanti per un punto fuori da una retta data. Qualcuna, ad esempio la perpendicolare, la interseca. Qualcun'altra, ad esempio la perpendicolare alla perpendicolare, no. Usando tacitamente un postulato di continuità, ma *non* il postulato delle parallele, Saccheri notò che esistono due (semi)rette, una da una parte e una dall'altra, che separano le rette incidenti da quelle non incidenti.

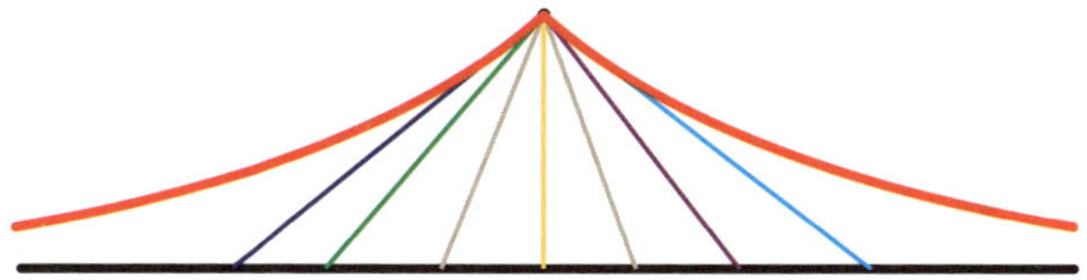

Queste rette di confine non possono ovviamente essere incidenti, perché per ogni retta incidente ce ne sono altre che intersecano la retta data in punti un po' più verso l'infinito. Le due rette di confine sono dunque non incidenti, e costituiscono le «prime» (o, se si preferisce, le «più vicine») parallele alla retta data passanti per il punto, nelle due direzioni.

Usando il postulato delle parallele, si dimostra che queste due rette di confine coincidono fra loro, e con la perpendicolare alla perpendicolare. Usando invece la negazione del postulato, si dimostra che le due rette di confine sono «asintotiche», nel senso che in una direzione si avvicinano sempre più alla retta data, senza mai incontrarla. Nell'altra direzione, invece, se ne allontanano sempre più.

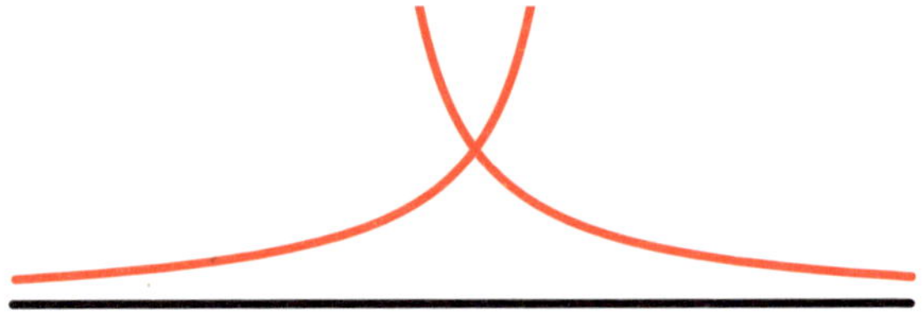

Col quinto postulato di Euclide, le «prime» parallele sono anche le ultime, e dunque le uniche. Con la negazione del postulato, invece, sono le uniche *parallele asintotiche*. Ma poiché il quinto postulato è equivalente al postulato del filosofo, dalla negazione di quest'ultimo segue che esistono altre *parallele non asintotiche* o *divergenti*: ciascuna di esse si avvicina alla retta data fino a una distanza minima, corrispondente a una perpendicolare comune, e poi se ne allontana di nuovo.

A un estremo, la perpendicolare alla perpendicolare è una di queste rette parallele non asintotiche. All'altro estremo, le parallele asintotiche si possono considerare come casi limite di quelle non asintotiche, nel senso che la perpendicolare comune con la retta data sta «all'infinito».

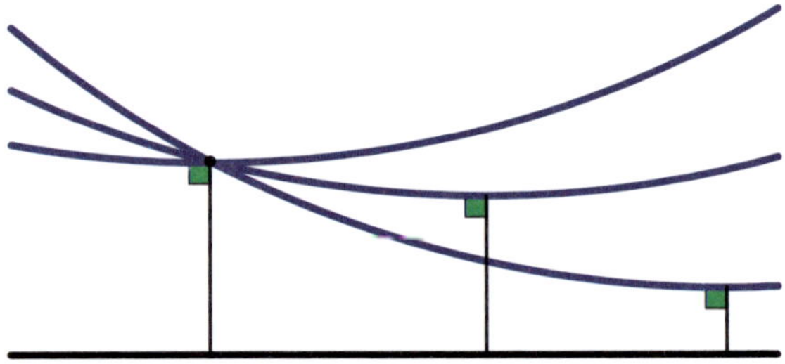

Nella sua analisi delle conseguenze della negazione del quinto postulato, Saccheri si imbatté negli stessi quadrilateri già considerati da Khayyam: per questo motivo, oggi essi vengono chiamati *quadrilateri di Khayyam-Saccheri*, o anche solo *quadrilateri di Saccheri*. E il gesuita osservò che dalla negazione del postulato delle parallele deriva che quei quadrilateri non sono dei rettangoli: una cosa che, dichiarò, «ripugna alla natura della linea retta».

Precisamente, la retta che congiunge due punti equidistanti da una retta data è incurvata verso quest'ultima, e forma due angoli acuti con i lati verticali. Ancora più precisamente, è una parallela non asintotica alla retta data, e la perpendicolare comune è a metà dei due segmenti verticali.

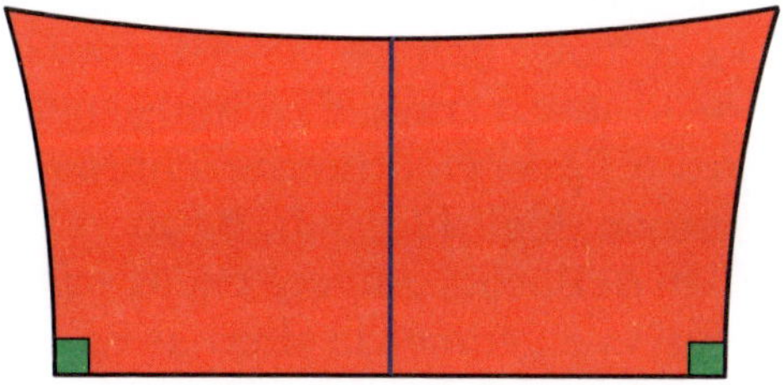

Tentando invece di costruire un rettangolo, si devono prendere le perpendicolari ai due lati verticali, ma esse risultano distinte fra loro: dunque, si ottiene in realtà non un rettangolo, ma una figura pentagonale con quattro angoli retti e uno acuto. Il meglio che si riesce a fare è costruire un *semirettangolo*, cioè un quadrilatero con lati opposti uguali e due angoli retti: basta dividere in due un quadrilatero di Saccheri e ribaltarne una metà.

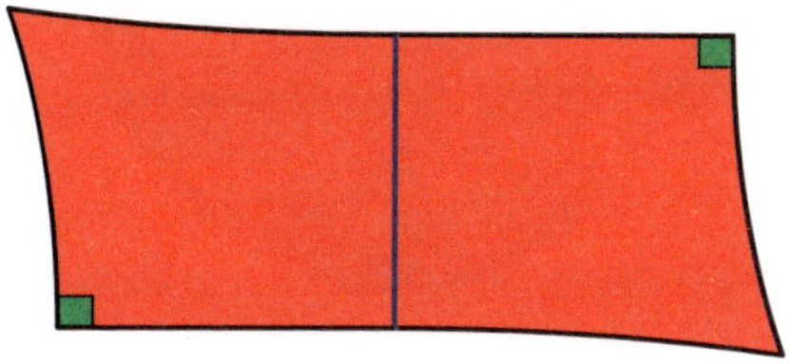

In realtà, Saccheri dimostrò che *il postulato delle parallele è equivalente all'esistenza di un rettangolo*. E poiché una geometria in cui non esistono rettangoli, e in particolare neppure quadrati, sembra veramente un controsenso, egli pensò che questa fosse una contraddizione sufficiente a confutare la negazione del quinto postulato, e dunque a dimostrarlo.

Fino alla sua morte, nel 1733, Saccheri continuò a derivare strane conseguenze dalla negazione del postulato delle parallele. Le raccolse nell'*Euclide emendato da ogni macchia*, uscito quello stesso anno. E commise nel titolo il suo unico, vero errore: l'aver creduto che il libro fosse l'ultima definitiva versione degli *Elementi*, basata solo sui primi quattro postulati di Euclide, invece che la prima abbozzata esposizione di una geometria alternativa, fondata sulla negazione del quinto.

Colpi di testa

Lo stesso errore lo ripeté nel 1766 Johann Heinrich Lambert, la cui *Teoria delle parallele* costituì un altro passo di avvicinamento alla nuova geometria.

Gottfried Engelmann,
Ritratto di Johann Heinrich Lambert, XIX secolo.

Invece dei quadrilateri a due angoli retti del suo predecessore e di Khayyam, egli preferì un'analoga versione a tre angoli retti, ottenuta dividendo un quadrilatero di Saccheri mediante la perpendicolare comune ai due lati orizzontali.

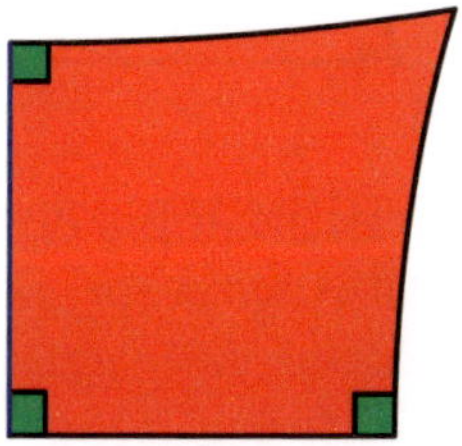

Lambert riottenne gli stessi risultati di Saccheri, più o meno indipendentemente da lui. In particolare, il fatto che *dalla negazione del postulato delle parallele segue che la somma angolare di un triangolo è variabile, ed è sempre minore di due angoli retti*. Dunque, una situazione uguale e contraria a quella della geometria sferica, dove la somma angolare di un triangolo è variabile, ma sempre *maggiore* di due retti!

Andando oltre Saccheri, Lambert trovò anche altre analogie con la geometria sferica, a partire dalla nozione di similitudine. Che qualcosa dovesse andare storto, a questo proposito, era già chiaro dalla riformulazione di John Wallis del postulato delle parallele: se quest'ultimo equivale alla possibilità di costruire triangoli simili ma diversi, dalla sua negazione devono infatti derivare restrizioni alla similitudine dei triangoli.

In particolare, se esistono triangoli simili ma diversi, si possono riportare un lato e un angolo del più piccolo sul più grande. Si ritaglia così in quest'ultimo un triangolo che è uguale al primo, per il criterio ALA (Angolo-Lato-Angolo). Quello che rimane è un quadrilatero con somma angolare pari a due angoli piatti. E poiché il quadrilatero è la somma di due triangoli, questi non possono avere somme angolari minori di due angoli retti.

Lambert scoprì così, in analogia con la geometria sferica, il *criterio* AAA *(Angolo-Angolo-Angolo)*: *due triangoli aventi tre angoli uguali a due a due, sono uguali*. E, sempre in analogia con la geometria sferica, scoprì anche che *l'area di un triangolo è proporzionale al difetto della sua somma angolare*, invece che all'eccesso. Più precisamente, esiste una costante r tale che

$$\text{Area} = (\pi \cdot \text{somma angolare}) \cdot r^2$$

La sola negazione del postulato delle parallele non sembrava però in grado di determinare il valore numerico della costante. Il che permise a Lambert di intuire la possibilità di infinite geometrie, in tutto simili fra loro, eccetto che per il valore della costante. Di nuovo, una situazione analoga a quella della geometria sferica, dove la costante è semplicemente il raggio della sfera!

Lambert azzardò una spiegazione equilibristica: cioè, che la negazione del postulato delle parallele producesse una *geometria sferica «immaginaria»*. Non solo in senso letterario, di «non reale». Ma anche in senso matematico, di una geometria relativa a sfere aventi non il solito raggio r, bensì l'insolito raggio ir, dove i è il numero immaginario $i = \sqrt{-1}$.

Da un lato, questo permetteva di trasferire l'intuizione della ben compresa geometria sferica all'incomprensibile geometria ottenuta dalla negazione del postulato delle parallele. Ad esempio, la formula per l'area del triangolo è la stessa in entrambi i casi, solo che nel primo caso l'uso di r^2 produce un eccesso angolare, e nel secondo caso l'uso di $(ir)^2 = -r^2$ un difetto.

Dall'altro lato, il fatto che la negazione del postulato delle parallele producesse una geometria «immaginaria» poteva, in fondo, essere preso come una dimostrazione della sua contraddizione con la «realtà». La stessa conclusione Lambert la dedusse anche da un particolare risultato, che gli sembrò andare contro l'intuizione geometrica: nella geometria «immaginaria» *esiste una misura assoluta dei segmenti*, analoga a quella che nella geometria euclidea esiste per gli angoli.

In realtà, le due misure sono collegate. Da un lato, la misura assoluta degli angoli si ottiene semplicemente riferendoli tutti all'angolo piatto (π), come facevano già i Greci e continuiamo a far noi. Dall'altro lato, a causa del criterio AAA, gli angoli (uguali) di un triangolo equilatero sono determinati dai suoi lati (uguali), e questi ultimi si possono dunque misurare assegnando loro la misura dei corrispondenti angoli.

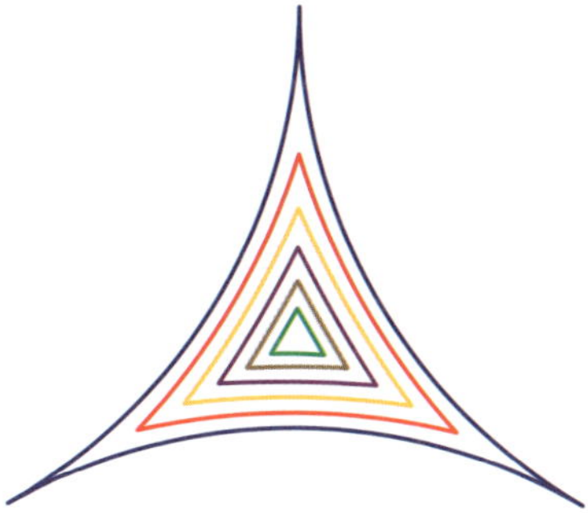

Ancora una volta, la stessa cosa succedeva già per la geometria sferica, dove la misura assoluta dei segmenti si poteva ottenere semplicemente riferendoli tutti al cerchio massimo: cioè, al segmento di massima lunghezza. Sulla sfera questa e altre anomalie non davano fastidio, però, perché la sua geometria era percepita come totalmente diversa da quella piana. Diverso, invece, era il caso della negazione del postulato delle parallele, dove il discorso si manteneva appunto sullo stesso «piano».

Alcuni dei risultati di Saccheri e Lambert furono ritrovati, più o meno indipendentemente, anche da Adrien-Marie Legendre. Egli li disseminò nelle varie edizioni del suo fortunato testo sugli *Elementi di geometria*, a partire dal 1794. E furono raccolti nel 1833 nelle *Riflessioni sulle differenti maniere di dimostrare la teoria delle parallele*.

Julien Léopold Boilly, *Ritratto caricaturale di Adrien-Marie Legendre*, XIX secolo.

Come dimostra il secondo titolo, Legendre fu l'ultimo dei recalcitranti precursori della geometria non euclidea, e continuò a considerarla immaginaria e irreale fino alla morte. Che fu a sua volta surreale, almeno stando a ciò che racconta quella malalingua di Stendhal, nella *Vita di Henry Brulard* (capitolo XIV):

> Il celebre Legendre, geometra di prim'ordine, ricevette la croce della Legion d'Onore, la appuntò al petto, si guardò allo specchio e saltò di gioia. L'appartamento aveva il soffitto basso, lui batté la testa e cadde stecchito. Degna morte, per un successore di Archimede!

Le strida dei Beoti

Alla fine del Settecento, anche il giovane Gauss incominciò a interessarsi al postulato delle parallele. Lo testimonia una sua lettera del 17 dicembre 1799 all'amico e compagno di studi Farkas Bolyai, che credeva di averne trovata una dimostrazione:

> Ho già fatto progressi nel mio lavoro. Ma il cammino che ho seguito non porta affatto all'obiettivo che noi perseguiamo, e che tu mi dici di aver raggiunto. Piuttosto, sembra spingermi a dubitare la verità della geometria stessa.
>
> È vero che ho ottenuto molti risultati che per la maggior parte della gente sarebbero delle dimostrazioni, ma ai miei occhi essi non provano *niente*. Ad esempio, se potessi dimostrare che esistono triangoli di area arbitrariamente grande, allora potrei fondare l'intera geometria in modo rigoroso.
>
> La maggior parte della gente certamente accetterebbe questo fatto come un assioma, ma io no! Infatti, è possibile che l'area di un triangolo abbia un limite superiore, per quanto si prendano i suoi vertici lontani fra loro.

Si deduce da queste parole che anche Gauss era partito cercando di dimostrare il postulato delle parallele, ma si era presto imbattuto nei risultati di Lambert sull'area. Nel corso degli anni egli si convinse che la negazione del postulato permetteva la fondazione di una geometria autonoma, alla quale diede successivamente vari nomi: dapprima *antieuclidea*, poi *astrale*, e infine *non euclidea*. E quest'ultimo termine continua a essere usato ancor oggi, benché di geometrie non euclidee se ne siano poi trovate parecchie, oltre a quella di cui stiamo trattando ora.

Come ci si può aspettare da un genio come Gauss, egli andò ben oltre i risultati dei suoi predecessori. In particolare, scoprì che *la geometria euclidea è un caso limite di quella non euclidea*, in due sensi precisi. In piccolo, perché quando le lunghezze sono infinitesime, le formule non euclidee si riducono a quelle euclidee. E in grande, perché la geometria euclidea non è altro che la geometria non euclidea su una sfera immaginaria con raggio infinito.

Poiché i cerchi e le sfere con raggio infinito giocano un ruolo cruciale nella nuova geometria, ricevono anche dei nomi propri: rispettivamente, *orocicli* e *orosfere* (da *horos*, «confine» o «limite»). In particolare, gli orocicli costituiscono un analogo delle parallele asintotiche, nel senso che sono le curve di confine di un fascio di cerchi tangenti a uno stesso punto. Similmente, le orosfere sono superfici di confine di un fascio di sfere tangenti a uno stesso punto. Naturalmente, usando il postulato delle parallele, invece della sua negazione, questi cerchi e queste sfere di confine si ridurrebbero semplicemente alle rette e ai piani tangenti nello stesso punto.

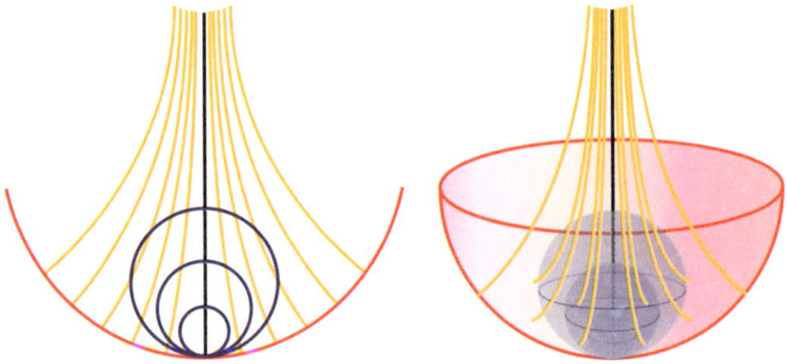

La geometria di un'orosfera è analoga a quella di una sfera. I *raggi* sono rette che convergono asintoticamente nel centro all'infinito: da un lato, sono tutti paralleli fra loro e, dall'altro, sono tutti perpendicolari alla superficie dell'orosfera. Le *rette* su un'orosfera sono gli orocicli determinati dalle intersezioni con i piani passanti per il centro all'infinito.

I *triangoli* hanno per lati degli archi di orocicli, e la loro somma angolare è pari a due angoli retti. Infatti, si può dimostrare *senza* il postulato delle parallele che se tre piani si intersecano lungo tre rette parallele, la somma degli angoli da essi determinati è pari a due angoli retti. Il che prova che la geometria di una sfera limite è sempre euclidea: sia nel caso non euclideo, dell'orosfera, che nel caso euclideo, del piano come sfera infinita.

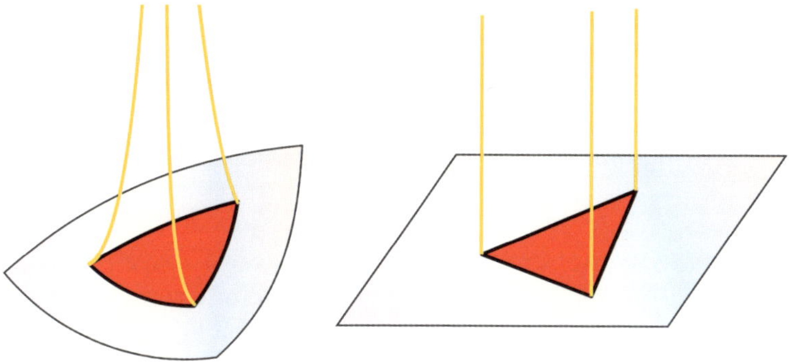

La relazione tra la geometria euclidea e quella non euclidea scoperta da Gauss ricorda e anticipa il rapporto fra la meccanica newtoniana e quella einsteiniana. Anche qui, la prima risulta essere un doppio caso limite della seconda, in due sensi precisi. In piccolo, quando la velocità di un corpo è infinitesima rispetto a quella della luce. E in grande, quando la velocità della luce viene considerata infinita. Condensando tutto in una proporzione:

$$\frac{\text{Euclide}}{\text{Gauss}} = \frac{\text{geometria euclidea}}{\text{geometria non euclidea}} = \frac{\text{meccanica classica}}{\text{meccanica relativistica}} = \frac{\text{Newton}}{\text{Einstein}}$$

Benché Gauss sia stato il vero scopritore della geometria non euclidea, il suo nome non le viene in genere associato, perché egli non pubblicò niente al riguardo. In parte lo fece per rimanere fedele al suo motto, che era *pauca, sed matura*, «poco, ma bene»: cioè, l'esatto contrario dell'andazzo di oggi, che si ispira invece al motto *publish or perish*, «pubblica o muori». Ma c'era anche un altro motivo specifico, che egli rivelò a Friedrich Bessel in una lettera del 27 gennaio 1829:

> Nelle ore libere ho pensato a un tema, per me ormai vecchio di quarant'anni:* cioè, ai fondamenti della geometria. Ho consolidato ulteriormente molte cose, e la mia convinzione, che non possiamo fondare la geometria com-

* Nelle sue varie lettere, Gauss data in modo diverso le sue prime ricerche.

pletamente *a priori*, è divenuta ancora più salda, se possibile. Ma lascerò passare ancora molto tempo prima di pubblicare le mie ricerche, ormai molto estese, sull'argomento. E forse non lo farò mai da vivo, perché temo le strida dei Beoti.

Gauss si riferiva ai kantiani, che seguivano appunto il loro maestro nel credere che la geometria fosse «sintetica *a priori*», nel colorito linguaggio della *Critica della ragion pura*. Una lettera del 17 maggio 1831 a Heinrich Schumacher dimostra che però, a volte, i propositi di Gauss vacillavano:

Nelle ultime settimane ho cominciato a buttar giù qualcuna delle mie meditazioni, che hanno ormai più di quarant'anni. Non le ho mai scritte, e così tre o quattro volte ho dovuto ricostruire a memoria l'intero argomento da zero. Ma vorrei che non perissero con me.

La quadratura del cerchio

Gauss non terminò di scrivere il resoconto sulla nuova geometria, perché nel gennaio 1832 ricevette dall'Ungheria un libro di Farkas Bolyai con un'appendice intitolata *La scienza assoluta dello spazio*. Quest'ultima non era però dell'amico, ma di suo figlio János, e riportava risultati che risalivano a una decina d'anni prima.

Il giovane aveva incominciato a lavorare sul postulato delle parallele già da studente, insieme a un compagno. Dopo i fallimenti dei loro primi tentativi di dimostrazione, egli si era convinto che non bisognava «far violenza alla natura», e aveva appunto incominciato a sviluppare una teoria assoluta dello spazio. Venuto a saperlo, il padre aveva cercato di dissuaderlo, scrivendogli il 4 aprile 1820:

Io ho già percorso tutte le profonde tenebre di questa notte, e ho spento in essa ogni luce e ogni gioia della vita. Per amor di Dio, ti prego: abbandona l'argomento della teoria delle parallele! Temilo tanto quanto la passione dei sensi,

Monumento a Farkas e János Bolyai
a Târgu Mureş in Romania.

perché esso ti può privare del tuo tempo, della salute, della pace, della gioia di vivere. Questa oscura tenebra non si chiarirà mai: l'infelice genere umano non raggiungerà mai la perfezione, nemmeno in geometria.

Naturalmente, i consigli dei genitori sono fatti per essere disattesi. E già il 3 novembre 1823, a soli ventun anni, il giovane János poteva riferire al padre:

> Ho deciso di pubblicare un lavoro sulla teoria delle parallele, appena avrò ordinato il materiale e le circostanze me lo permetteranno. Non ho ancora terminato la ricerca, ma la strada che ho seguito rende quasi certo che l'obiettivo sarà raggiunto, se la cosa è possibile.

> Per ora non lo è ancora stato, ma le scoperte che ho fatto sono tanto meravigliose che ne sono quasi sopraffatto, e sarebbe terribile se andassero perse. Quando le vedrai, capirai! Per ora ti posso solo dire questo: *ho creato un nuovo universo dal nulla.*

La risposta del padre è significativa, per la sua perspicacia. Egli infatti sembrò quasi presagire ciò che stava effettivamente succedendo, a sua insaputa, in Germania (come abbiamo visto) e in Russia (come vedremo):

> Se veramente hai trovato la soluzione, non perdere tempo e pubblicala subito, per due motivi. Primo, perché le idee passano facilmente da uno all'altro, e qualcuno potrebbe anticipare la tua pubblicazione. Secondo, perché bisogna riconoscere che c'è un tempo per ogni cosa, che la fa sbocciare simultaneamente qua e là, come le violette in primavera.
>
> La competizione scientifica è come una guerra, in cui non si può mai dire quando arriverà la pace. Dunque, bisogna conquistare quando si può, perché il vantaggio l'ha sempre il primo che arriva.

Nel 1825 János scrisse un primo resoconto delle sue ricerche, e nel 1829 completò un manoscritto definitivo. Il padre rimase perplesso dalla presenza di una costante indeterminata nella nuova geometria, ma decise di pubblicare comunque il lavoro del figlio come appendice al suo *Tentativo di introdurre la gioventù studiosa agli elementi di matematica pura, elementare e superiore*, che era in stampa.

Come annunciava fin dal titolo, *La scienza assoluta dello spazio* sviluppava una *geometria assoluta*, del tutto indipendente da assunzioni sulle parallele. I suoi teoremi erano dunque formulati in una forma generale, da cui si potevano derivare le versioni euclidea e non euclidea assumendo, rispettivamente, il postulato delle parallele o la sua negazione.

Il dettagliato confronto fra le due geometrie produsse un risultato spettacolare. Bolyai dimostrò infatti che il maggior problema insolubile nella geometria euclidea è invece risolubile in quella non euclidea, perché in quest'ultima *il cerchio è quadrabile con riga e compasso.*

Per farlo, egli mostrò come costruire da un lato un quadrato, e dall'altro lato un cerchio, aventi una stessa «area magica»: cioè, il limite superiore delle aree dei triangoli, di cui Gauss aveva parlato al padre di Bolyai fin dal 1799! Quest'area vale πr^2, e corrisponde a un triangolo con somma angolare nulla: cioè, a un triangolo coi tre vertici all'infinito.

Bolyai mostrò che la stessa area corrisponde anche a due figure finite e costruibili. Un quadrato, coi quattro angoli di 45 gradi. E un cerchio, avente per raggio un segmento tale che la parallela asintotica alla sua bisettrice tirata da un estremo forma un angolo di 45 gradi con la perpendicolare alla perpendicolare alla parallela asintotica tirata dall'altro estremo.

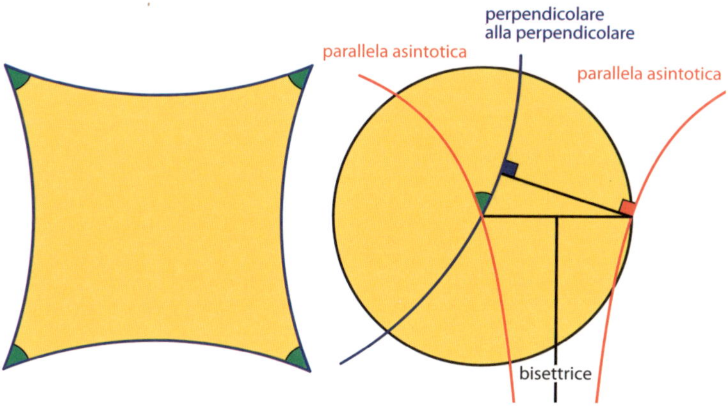

La quadratura del cerchio non deve però far supporre che le costruzioni con riga e compasso siano sostanzialmente diverse, nelle due geometrie. Al contrario, Bolyai dimostrò che la teoria della costruibilità dei poligoni fa parte della geometria assoluta. Dunque, *i poligoni regolari costruibili sono gli stessi nella geometria euclidea e in quella non euclidea*: in particolare, in entrambi i casi sono costruibili i poligoni regolari a 17, 257 e 65.537 lati.

Analogamente, Bolyai dimostrò che anche la teoria dei

solidi regolari fa parte della geometria assoluta. Dunque, *i solidi regolari sono gli stessi nella geometria euclidea e in quella non euclidea*: in particolare, in entrambi i casi ce ne sono solo cinque. Con una differenza, però: che mentre i cinque solidi regolari sono sostanzialmente unici nella prima, a parte la scala, ce ne sono infinite versioni di ciascuno nella seconda, esattamente come già per ciascun poligono regolare. Al limite, anche i cinque solidi regolari non euclidei ammettono versioni «ideali», coi vertici all'infinito e gli angoli delle facce nulli.

Per inciso, mentre un unico solido regolare (il cubo) può piastrellare lo spazio euclideo, e in un unico modo (4 copie sui lati e 8 nei vertici), *tutti e cinque i solidi regolari possono piastrellare lo spazio iperbolico, in otto modi*. Più precisamente, ci sono quattro piastrellazioni con solidi finiti, scoperte da Victor Schlegel nel 1883, in cui le copie di ciascun solido sono così disposte:

	sui lati	*nei vertici*
cubo	5	20
dodecaedro	4	8
	5	20
icosaedro	3	12

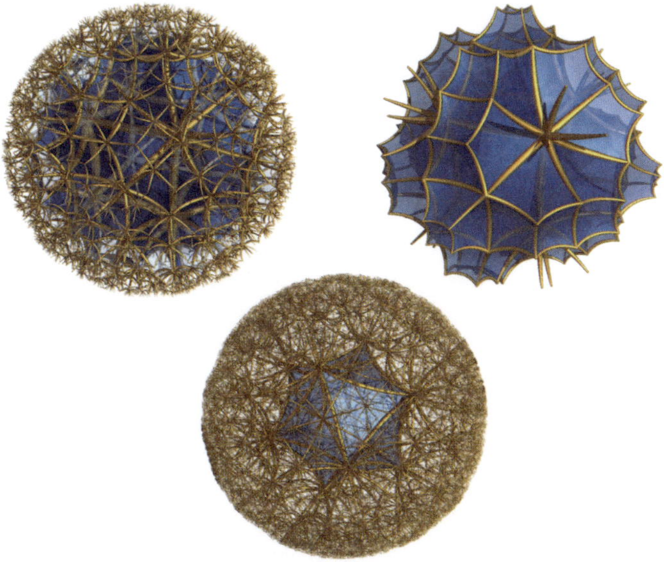

Piastrellazioni regolari dello spazio iperbolico:
in alto, cubica, totale e parziale; in basso, icosaedrica totale.

E ci sono altre quattro piastrellazioni con solidi «ideali», scoperte nel 1954 da Donald Coxeter, con queste disposizioni:

	sui lati	*nei vertici*
tetraedro	6	∞
cubo	6	∞
ottaedro	4	∞
dodecaedro	6	∞

Tornando ai due Bolyai, padre e figlio, entrambi ovviamente tenevano molto all'opinione del grande Gauss sulla cornucopia di risultati ottenuti da János. E Gauss la diede, in una lettera a Farkas del 6 marzo 1832:

> Se comincio dicendo che non posso lodare questo lavoro, tu certamente rimarrai un attimo sorpreso. Ma io non posso far diversamente: lodare lui, sarebbe come lodare me stesso. L'intero contenuto del lavoro, il cammino seguito da

tuo figlio, i risultati a cui ha portato, coincidono quasi completamente con le meditazioni che mi hanno parzialmente occupato negli ultimi trenta o trentacinque anni. Così, sono rimasto stupefatto.

Per quanto riguarda il mio lavoro, di cui finora ho scritto poco, la mia intenzione era che non fosse pubblicato durante la mia vita. Volevo però scriverlo comunque, per evitare che perisse con me. Potermi risparmiare questa incombenza è dunque una piacevole sorpresa, e sono felice che sia proprio il figlio del mio vecchio amico ad avere la precedenza su di me in maniera così sorprendente.

Farkas considerò la risposta lusinghiera, ma János rimase senza parole. Non poteva credere di essere stato completamente anticipato da Gauss, e sospettò che questi volesse semplicemente appropriarsi del suo lavoro. Col tempo se ne fece una ragione, ma l'avversione per il rivale non lo abbandonò mai.

Il peggio, però, doveva ancora venire. Nel 1848, infatti, Bolyai si imbatté nelle brevi *Ricerche geometriche sulla teoria delle parallele* di Nikolaj Lobačevskij, e scoprì di essere stato anticipato non soltanto da un famoso tedesco in privato, ma anche da uno sconosciuto russo in pubblico.

I nuovi princìpi della geometria

Anche Gauss si era già imbattuto nello stesso lavoro, e l'aveva commentato in una lettera del 28 novembre 1846 a Heinrich Schumacher:

Recentemente mi è capitato di rileggere le *Ricerche geometriche* di Lobačevskij. Contiene gli elementi di una geometria che potrebbe essere rigorosamente valida, nel caso non lo fosse quella euclidea. Un certo Schweikart la chiama «astrale», Lobačevskij «immaginaria».

Tu sai che io ho avuto la stessa convinzione per 54 anni, fin dal 1792, con un'estensione successiva di cui non voglio parlare ora. Non ho trovato niente che già non sapessi, nel lavoro di Lobačevskij. Ma lui sviluppa la teoria diversamente da me, in maniera magistrale e con spirito veramente geometrico. Ho pensato di attirare la tua attenzione su questo lavoro, perché ti darà un piacere squisito.

Lobačevskij aveva concepito la nuova geometria a Kazan, oltre gli Urali, in un isolamento ancora maggiore di quello di Bolyai. E l'aveva partorita leggermente dopo quest'ultimo: ancora nel 1823, inviando una *Geometria elementare* a un editore, diceva infatti di non aver dimostrato il postulato delle parallele, ma di credere che la cosa fosse possibile.

Ritratto di Nikolaj Lobačevskij, XIX secolo.

La nuova geometria fu dunque sviluppata nel giro di tre anni, perché l'11 febbraio 1826 Lobačevskij tenne all'università di Kazan un'*Esposizione succinta dei princìpi della geometria, con una dimostrazione rigorosa del teorema delle parallele*, nella quale annunciò tutti i risultati cruciali della nuova teoria.

Il testo venne perso dall'università, e non fu mai più ritrovato. Ma Lobačevskij lo riscrisse nei *Princìpi della geometria*, che uscirono nel 1829 e passarono alla storia come l'atto ufficiale di nascita della geometria non euclidea. Nel 1835 furono invece pubblicati i sistematici *Nuovi princìpi della geometria*, che col tempo divennero l'esposizione più classica e più letta dell'argomento.

Ancor oggi si usa la loro notazione $\pi(x)$ per indicare l'*angolo di parallelismo* corrispondente al segmento di lunghezza x: cioè, l'angolo che la prima parallela a una retta data passante per un punto a distanza x da essa forma con la verticale. Usando il postulato delle parallele, l'angolo di parallelismo è sempre di 90 gradi. Ma usando la sua negazione, varia gradualmente da 90 gradi per le distanze infinitesime, a 0 gradi per quelle infinite.

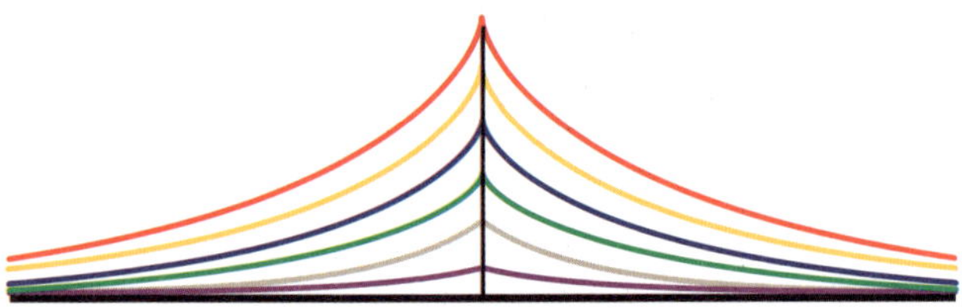

Lobačevskij usò come strumento fondamentale per lo studio della geometria non euclidea la *trigonometria immaginaria*, che si ottiene da quella solita sostituendo gli angoli reali con angoli immaginari. Per ironia della sorte, il primo a svilupparla era stato (simultaneamente e indipendentemente da Vincenzo Riccati) Lambert in una *Memoria* del 1761, ma egli non si era accorto del legame con la propria geometria immaginaria. Questo legame era stato notato da Franz Taurinus nel 1826, che però considerava solo come curiosità la geometria e la trigonometria immaginarie.

Lobačevskij vide invece non solo il loro reciproco legame, ma anche il loro comune interesse intrinseco. Bolyai, dal canto suo, andò ancora un passo oltre e sviluppò una *trigonometria assoluta*, indipendente da assunzioni sulle parallele. Essa si specializza nella trigonometria solita se si assume il postulato delle parallele, e in quella immaginaria se si assume la sua negazione.

La possibilità di questa formulazione assoluta sta nel

fatto che le due trigonometrie si ottengono in maniera analoga, da due curve che si equivalgono dal punto di vista proiettivo: rispettivamente, il cerchio e l'iperbole equilatera. Per questo motivo, si parla nel secondo caso di *trigonometria iperbolica*, e dunque anche di *geometria iperbolica*.

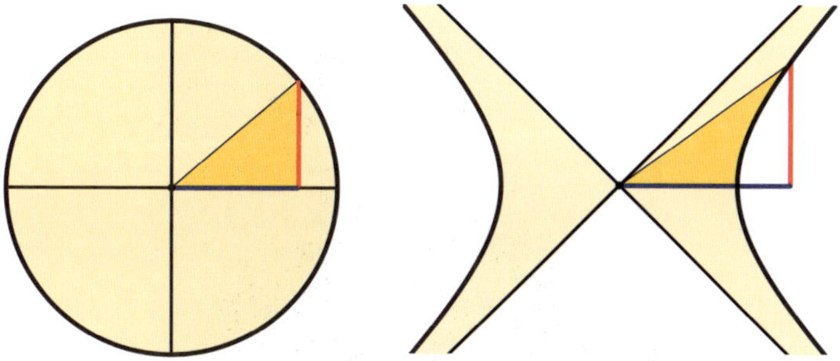

Le due funzioni trigonometriche iperboliche fondamentali si chiamano, ovviamente, *seno* e *coseno iperbolico*, e si indicano rispettivamente con *sinh* e *cosh*: le notazioni sono abbreviazioni di *sinus* e *cosinus hyperbolicus*, e furono introdotte da Lambert nelle *Osservazioni analitiche* del 1771. A conferma dell'unità della matematica, il coseno iperbolico non è altro che la curva catenaria usata nella costruzione dei ponti sospesi.

All'Inferno i moderni rivali di Euclide!

Quando i lavori di Bolyai e Lobačevskij iniziarono a circolare, non furono per niente accolti con entusiasmo, bensì con dileggio. Soprattutto quelli del russo, che i colleghi presero in giro per le sue eccentriche ricerche, pur considerandolo un'ottima persona e ritenendolo degno di essere eletto per ben sei volte rettore dell'università di Kazan. Gauss aveva dunque avuto ragione, a temere «le strida dei Beoti».

Ci vollero decenni affinché la nuova geometria venisse accettata. Anche perché, senza la possibilità di visualizzarla concretamente, non era facile capirla astrattamente. Nemmeno per una persona brillante e anticonvenzionale come Charles Dodgson, *alias* Lewis Carroll, autore delle celeberrime avventure di *Alice nel paese delle meraviglie* e *Attraverso lo specchio*.

Lewis Carroll in una foto
di Oscar Gustave Rejlander, 1863.

Com'è noto, Dodgson era un matematico professionista. Dunque, avrebbe dovuto essere ben più sensibile all'argomento di Dostoevskij, che in fondo era solo un povero letterato. E invece lo fu anche meno, e nel 1879 pubblicò un dialogo su *Euclide e i suoi moderni rivali*, nel quale difendeva «la grande causa della restaurazione del capolavoro di Euclide».

Il suo obiettivo, ultraconservatore, era di convincere che bisognava mantenere gli *Elementi* come libro di testo, e che tutti gli altri manuali successivi andavano bruciati. Allo scopo, Carroll allestì una commedia ambientata all'Inferno, e avente per protagonisti Euclide, Minosse e un fantasma di numero 123.456.789: apparentemente, infatti, «i fantasmi non hanno nomi, solo numeri».

La commedia processava, giudicava e condannava una dozzina di manuali, compreso quello di Legendre al quale abbiamo accennato. Il secondo atto, in particolare, era dedicato all'esame dei trattamenti del parallelismo alternativi a quello euclideo, dall'equidistanza all'identità di direzione. Stranamente, però, benché fossero ormai passati cinquant'anni dalla loro pubblicazione, non si faceva parola dei lavori di Bolyai e Lobačevskij.

Nel suo discorso di commiato, lo spettro di Euclide poteva dunque tranquillamente augurarsi:

> Lasciate che io porti con me la speranza di avervi convinti dell'importanza, se non della necessità, di mantenere il mio ordinamento, la mia numerazione, e la mia trattazione delle rette, degli angoli e, soprattutto, delle parallele.

Affinché la nuova geometria potesse far breccia, doveva affrancarsi dal trattamento puramente assiomatico che l'aveva generata, e inventare modelli che permettessero di visualizzarla alla stessa stregua delle geometrie piana e sferica. Oltre, naturalmente, a esibire la propria fecondità e il proprio ruolo all'interno degli altri campi della matematica. E questo è esattamente ciò che farà, nel seguito della sua e della nostra storia.

VI

Questa geometria è superficiale

Gauss e Riemann

Il 1° gennaio 1801 l'astronomo Giuseppe Piazzi scoprì per caso, dall'osservatorio di Palermo, un nuovo corpo celeste. Pensò che potesse essere un pianeta tra Marte e Giove, di cui si sospettava l'esistenza a causa dell'irregolarità delle loro orbite. E lo chiamò Cerere, in onore della dea protettrice della Sicilia.

Giuseppe Velasco,
Giuseppe Piazzi che indica Cerere, 1805.

Quello fu il primo di una lunga serie di asteroidi che sarebbero stati scoperti in seguito, in particolare nella fascia tra Marte e Giove. Ma in quel momento se ne persero le tracce, perché l'11 febbraio il pianetino entrò in congiunzione col Sole e scomparve dalla vista.

Piazzi cercò inutilmente di ritrovarlo e, non riuscendoci, temette di aver avvistato soltanto una cometa. Durante l'estate si coalizzò con ventiquattro astronomi di tutta Europa, nel disperato tentativo di ricostruire il percorso del misterioso corpo celeste. Ma anche questo sforzo collettivo fallì, per la scarsità di dati: l'osservazione era stata infatti troppo breve, e aveva coperto meno del dieci per cento dell'ipotetica orbita.

Scese in campo anche quella cariatide di Hegel, a pontificare che era inutile che gli astronomi cercassero un nuovo pianeta, visto che i filosofi potevano facilmente dimostrare che ce n'erano solo sette. Ma a novembre un ingenuo matematico ventiquattrenne, non sapendo che la cosa era impossibile, la fece: inventò un nuovo metodo per determinare le orbite sulla base di tre sole osservazioni, e predisse la posizione di Cerere.

Il 7 dicembre l'asteroide fu ritrovato, esattamente dove il matematico aveva previsto, con grande scorno del filosofo. Pochi mesi dopo, il 28 marzo 1802, l'astronomo Heinrich Olbers scoprì un secondo asteroide, che chiamò Pallade. Il matematico ripeté il suo exploit, calcolandone di nuovo in poche ore l'orbita, e divenne a sua volta la *star* del firmamento astronomico europeo.

Mettiamo le carte in tavola

È forse inutile dire che quel giovane matematico era Gauss, che iniziò da quel momento ad applicare la geometria all'astronomia. Non a caso, il lavoro del 1809, in cui espose tardivamente il proprio metodo per la determinazione dell'orbita di Cerere e Pallade, si intitolava *Teoria del moto secondo sezioni coniche dei corpi celesti nell'ambiente solare*.

Già due anni prima, nel 1807, Gauss era stato nominato direttore dell'osservatorio di Gottinga. E ancora prima, tra il 1800 e il 1805, aveva partecipato a varie spedizioni geodetiche per la costruzione di una carta militare della Westfalia. In seguito, nel 1818, gli fu affidato il rilevamento dell'intero regno di Hannover: un'opera gigantesca, che fu ultimata soltanto nel 1847, anche se Gauss vi si dedicò a tempo pieno «solo» per una decina d'anni.

In parte, le nuove misurazioni di precisione avevano lo scopo di determinare esattamente la forma della Terra, che Newton aveva già dimostrato non essere perfettamente sferica, bensì schiacciata ai poli. Questo rendeva enormemente più complesso il disegno di mappe piane ad alta precisione.

Nel 1822 Gauss trovò una *Soluzione generale del problema di rappresentare le parti di una superficie su un'altra superficie*, determinando le condizioni affinché una tale rappresentazione preservi la forma delle figure disegnate sulle superfici. Il problema, naturalmente, è una generalizzazione di quello che abbiamo già considerato nel caso particolare delle rappresentazioni di una sfera su un piano.

Nel 1827 Gauss introdusse, nelle *Disquisizioni generali sulle superfici curve*, un nuovo modo di guardare alle superfici bidimensionali:

> Quando una superficie viene considerata non come il bordo di un solido tridimensionale, bensì come una lamina bidimensionale flessibile, ma non estendibile, allora si vede che le sue proprietà possono essere di due tipi, completamente diversi fra loro. Alcune di queste proprietà dipendono dalla forma che la superficie assume nello spazio, e altre sono invece indipendenti da essa.
>
> A questo secondo tipo, il cui studio apre alla geometria un nuovo e fecondo campo di indagine, appartengono la misura della curvatura e la teoria delle linee di minimo percorso. Da questo punto di vista, una superficie piana e una superficie sviluppabile su un piano, come un cilindro o un cono, devono essere considerate sostanzialmente identiche.

A prima vista, la cosa può apparire strana: in fondo, un piano è piano, appunto, mentre un cilindro o un cono sono curvi! Ma, pensandoci bene, ci si convince che la differenza tra loro è più apparente che reale. Basta infatti tagliare il cilindro o il cono lungo una delle loro generatrici, per accorgersi che essi si possono distendere su un piano senza alcuna distorsione.

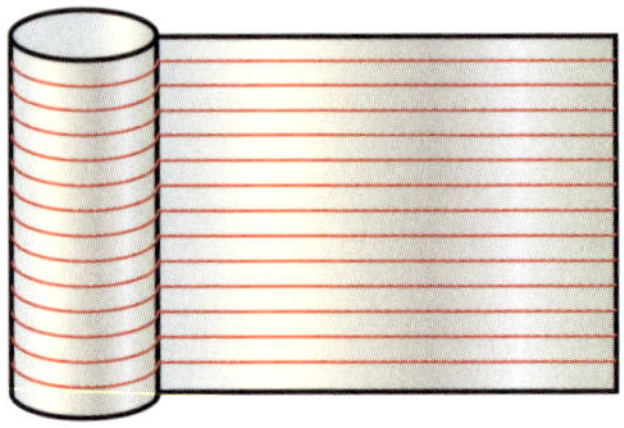

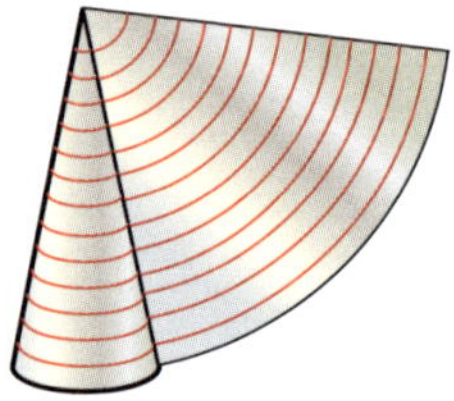

Anzi, questo è esattamente il modo canonico per determinare qual è il percorso più breve che porta, sulla superficie, da un punto a un altro. Si tratta, semplicemente, del segmento rettilineo che congiunge i due punti, una volta che la superficie sia stata dispiegata sul piano. Riportando il segmento sul cilindro, si ottiene un segmento verticale, un arco di elica o un arco di cerchio orizzontale. Su un cono, invece, si ottiene un segmento verticale o un arco di cappio.

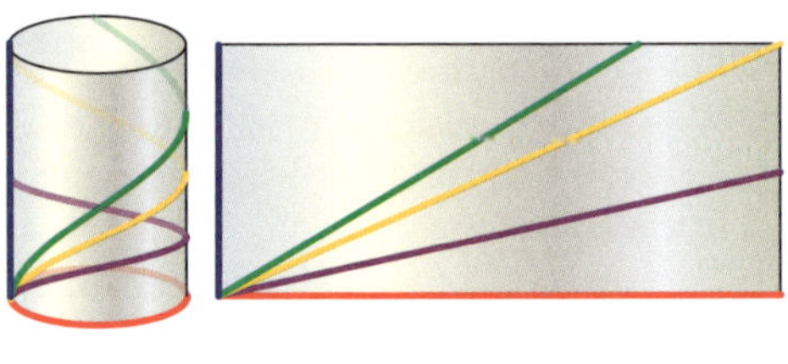

Naturalmente, sia il cilindro che il cono corrispondono soltanto a una parte del piano: rispettivamente, una striscia e un settore circolare. Una striscia di larghezza doppia, o un settore circolare di ampiezza doppia, si possono arrotolare due volte sul cilindro o sul cono, e i loro segmenti rettilinei in tal caso corrispondono ai più brevi percorsi doppi. La stessa cosa succede con qualunque multiplo della larghezza o dell'ampiezza: si generano così eliche o cappi che si avvolgono più volte sul cilindro o sul cono, e che possono anche autointersecarsi.

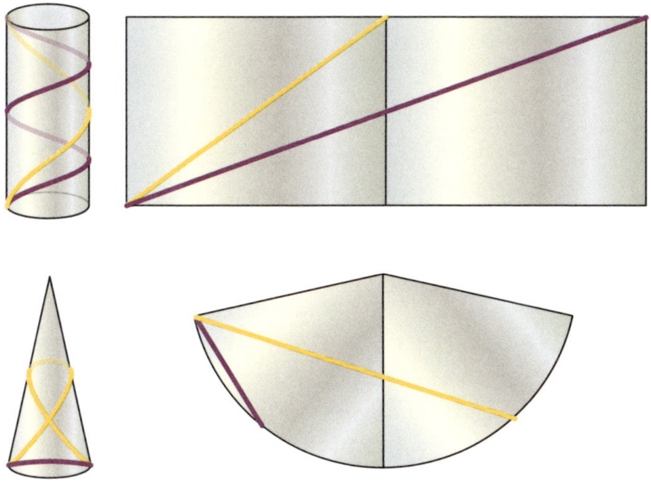

Affrontiamo la chicane

Il motivo profondo per cui cilindri e coni possono avere la stessa geometria del piano, ma la sfera no, fu svelato da Gauss in quello che egli stesso chiamò *teorema egregio*. Si tratta di una condizione necessaria, secondo la quale *due superfici possono avere la stessa geometria solo se hanno la stessa curvatura*, punto per punto.

Per capire l'enunciato del teorema, bisogna anzitutto definire la *curvatura di una curva piana in un punto*. Questo era già stato fatto nel 1671 da Isaac Newton e nel 1673 da Christiaan Huygens, in maniera abbastanza intuitiva:

- Si considera il cerchio che passa per il punto dato e per altri due punti della curva, uno per lato.
- Si fanno avvicinare i due punti laterali a quello dato, ottenendo al limite un *cerchio osculatore*, o «combaciante» (da *osculum*, «boccuccia»), che approssima la curva in quel punto.

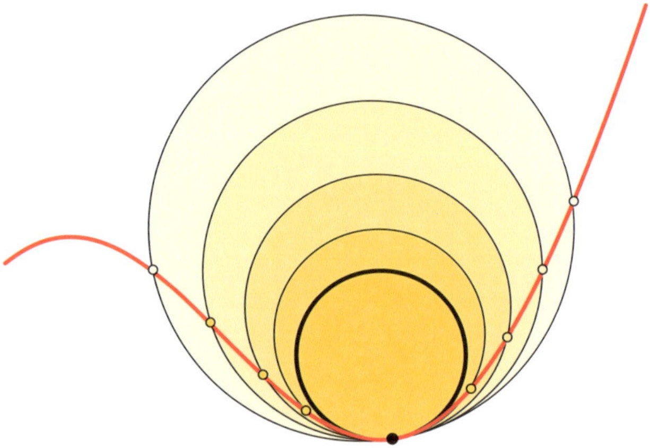

- Si definisce la *curvatura della curva* nel punto come l'inverso del raggio ($1/r$) del cerchio osculatore.
- Si definisce positivo il *segno* della curvatura se il cerchio osculatore sta sopra la tangente, e negativo altrimenti.

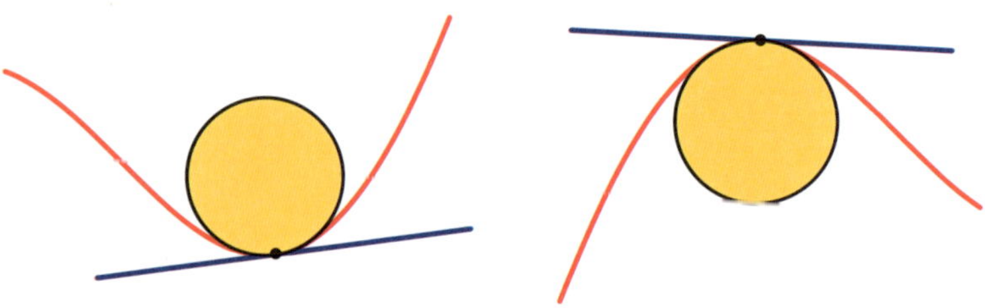

Definire la curvatura come l'inverso del raggio ($1/r$), e non come il raggio stesso, è in accordo con il linguaggio comune. Di una strada, infatti, diciamo che «curva molto» se fa una curva stretta: cioè, appunto, una curva con un piccolo raggio.

Il passo successivo è definire la *curvatura di una superficie in un punto.* Nel 1767 Eulero ridusse il problema alla curvatura delle curve:

- Si considera il piano tangente alla superficie nel punto dato.
- Si considera la sezione curva della superficie individuata da ciascun piano perpendicolare a quello tangente e passante per il punto.
- Si nota che esistono una curvatura massima e una minima di tutte queste sezioni curve, e si definisce la *curvatura della superficie* nel punto come il loro prodotto.
- In particolare, la curvatura della superficie ha *segno* positivo se le due curvature massima e minima hanno lo stesso segno, e ha segno negativo altrimenti.

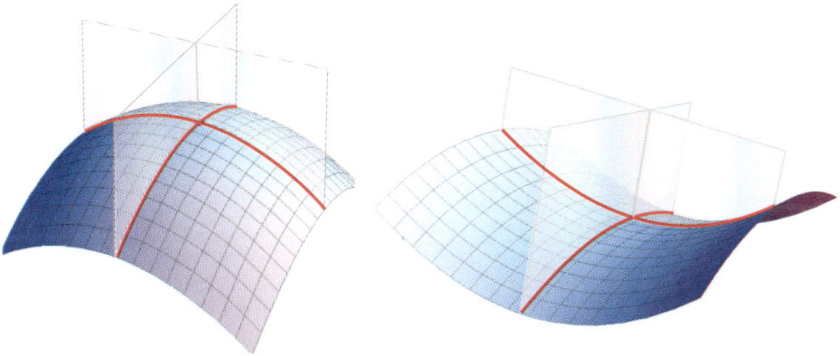

Per poter calcolare la curvatura di una superficie nel modo indicato è però necessario effettuare misure estrinseche, al di fuori della superficie e nello spazio che la contiene. La grande scoperta di Gauss fu che è anche possibile calcolare la curvatura mediante misure intrinseche, effettuate soltanto sulla superficie, benché in modo ovviamente più complicato.

La cosa è meno strana di quanto appaia a prima vista. Ad esempio, per accorgersi che la Terra è rotonda non c'è bisogno di osservarla dal di fuori, e basta fare misure appropriate su di essa. Su una sfera non ci sono rette parallele, infatti, e due perpendicolari a una stessa retta convergono sempre. Costruendo un quadrilatero di Saccheri, cioè con due lati uguali perpendicolari a una base, ci si accorge allora che il lato opposto risulta più corto della base. Oppure, cercando di costruire un quadrato tracciando una sequenza di quattro lati uguali, ciascuno perpendicolare al precedente, ci si accorge che la poligonale non si chiude.

Avendo a disposizione una nozione intrinseca di curvatura, Gauss dimostrò infine che *le superfici che possiedono una geometria intrinseca, nel senso che le figure si possono spostare su di esse senza subire deformazioni, sono esattamente quelle a curvatura costante*. E il teorema egregio stabilì che *tra le superfici a curvatura costante, solo quelle che hanno la stessa curvatura possono avere la stessa geometria.*

Su queste superfici il ruolo delle rette è preso da quelle che Joseph Liouville chiamò nel 1850 le *geodetiche*, ossia le linee di minima distanza fra due punti. Ad esempio, gli archi di cerchi massimi sulla sfera, che danno appunto il nome alle geodetiche (da *geo*, «terra», e *daiesthai*, «dividere»).

Nel piano le uniche curve a curvatura costante sono:

- La *retta*, che ha curvatura nulla.
- Il *cerchio*, che ha curvatura positiva, uguale all'inverso del suo raggio ($1/r$).

Nello spazio, i loro analoghi sono:

- Il *piano*, che ha curvatura nulla, perché tutte le sue sezioni perpendicolari sono delle rette.
- La *sfera*, la cui curvatura risulta uguale all'inverso del quadrato del raggio ($1/r^2$), perché tutte le sue sezioni perpendicolari sono dei cerchi massimi, ciascuno avente per curvatura l'inverso del raggio ($1/r$).

Ma anche le curvature di un *cilindro* e di un *cono* risultano nulle, perché alcune delle loro sezioni perpendicolari sono delle rette. Non tutte, ma questo non importa: anche una sola basta per portare il minimo, e dunque il prodotto tra il minimo e il massimo, a zero.

A differenza di ciò che succede nel piano, vedremo in seguito che nello spazio esistono anche superfici a curvatura costante negativa, oltre a quelle a curvatura costante positiva o nulla.

L'apparizione della Santissima Trinità

Il teorema egregio permette di dedurre che la sfera, avendo una curvatura non nulla, non può avere la stessa geometria di una superficie a curvatura nulla, come il piano, il cilindro o il cono. Questa, però, è solo metà della storia, e rimane da raccontare l'altra metà: cioè, come mai il piano, il cilindro e il cono abbiano effettivamente la stessa geometria.

Questa volta, fu Ferdinand Minding a svelare nel 1839 il motivo profondo. Egli dimostrò infatti che, almeno in un caso particolare, la condizione necessaria stabilita dal teorema egregio di Gauss è anche sufficiente. Cioè, *due superfici hanno la stessa geometria se hanno la stessa curvatura costante*.

Naturalmente, per poter applicare il risultato non solo al cilindro, ma anche al cono, bisogna togliere da quest'ultimo il vertice, perché in esso non c'è un piano tangente, e dunque la curvatura non è definita. Se non lo si togliesse, l'intera superficie non avrebbe curvatura nulla costante, e non si potrebbe dedurre che la sua geometria è piana.

Analogamente bisogna fare con le due punte di un pallone da rugby o da football americano, che si ottiene tagliando uno spicchio da una palla di gomma, e incollandone i bordi. Se non si togliessero le punte, l'intero pallone non avrebbe curvatura positiva costante, e non si potrebbe dedurre che la sua geometria è sferica.

Dal risultato di Minding segue che esistono, sostanzialmente, tre sole geometrie a curvatura costante. E già Gauss aveva dimostrato che, almeno per quanto riguarda la somma angolare e l'area di triangoli aventi per lati linee di minima distanza, *le superfici a curvatura costante positiva hanno una geometria sferica, quelle a curvatura costante nulla una geometria euclidea, e quelle a curvatura costante negativa una geometria iperbolica.*

In seguito l'analogia fu verificata sistematicamente. Ad esempio, a seconda che la curvatura costante sia positiva, nulla o negativa, di parallele a una retta data passanti per un punto ce ne sono nessuna, una o infinite. La perpendicolare alla perpendicolare a una retta data è convergente, equidistante o divergente. I due angoli opposti alla base di un quadrilatero di Khayyam-Saccheri sono maggiori, uguali o minori di un angolo retto. Il lato opposto alla base dello stesso quadrilatero è minore, uguale o maggiore della base. La somma degli angoli di un triangolo è maggiore, uguale o minore di due retti. L'area di un triangolo è proporzionale all'eccesso o al difetto angolare, nei due casi estremi. Il rapporto tra circonferenza e raggio di un cerchio è maggiore, uguale o minore di 2π. Gli angoli alla semicirconferenza sono maggiori, uguali o minori di un angolo retto (sono metà della somma angolare di un triangolo). Eccetera.

Riassumendo il tutto in una tabella:

curvatura	*positiva*	*nulla*	*negativa*
parallele	nessuna	una	infinite
perpendicolare alla perp.	convergente	equidistante	divergente
angoli di Saccheri	$> 90°$	$= 90°$	$< 90°$
lato superiore di Saccheri	minore	uguale	maggiore
somma triangolare	$> 180°$	$= 180°$	$< 180°$
area triangolare	eccesso	–	difetto
circonferenza / raggio	$< 2\pi$	$= 2\pi$	$> 2\pi$
angoli alla semicirconferenza	$> 90°$	$= 90°$	$< 90°$

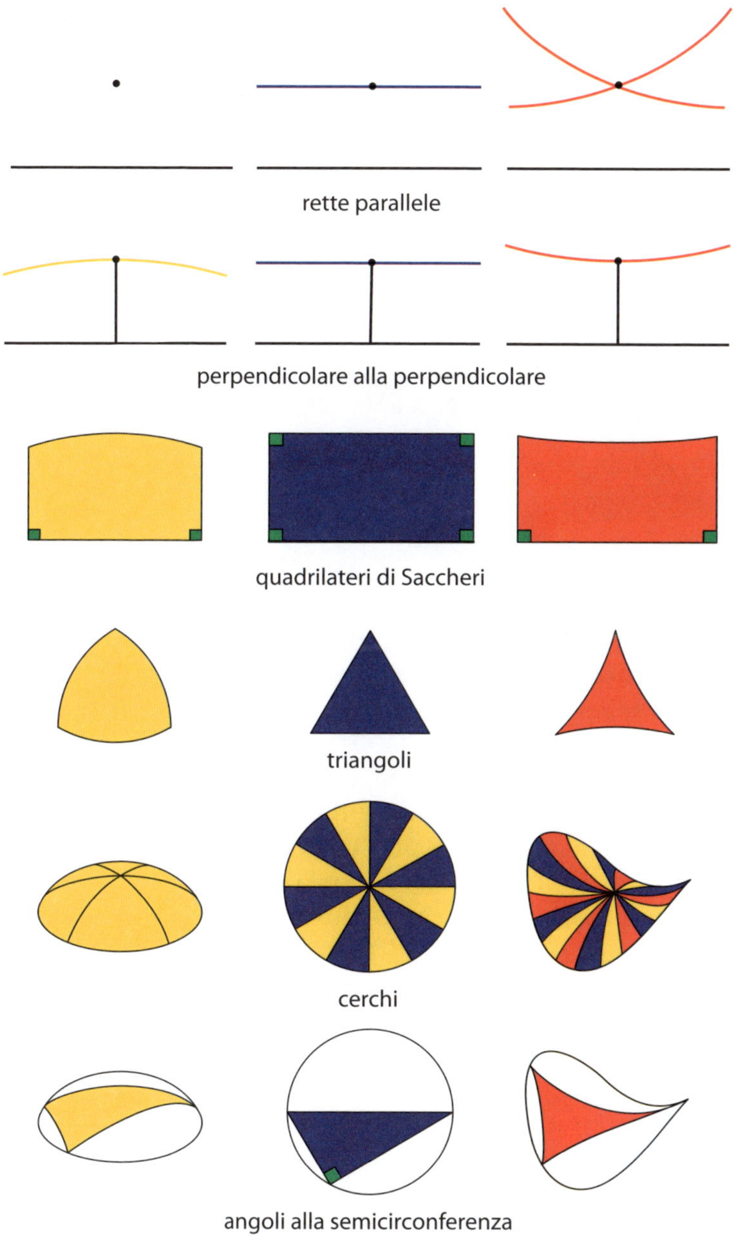
rette parallele
perpendicolare alla perpendicolare
quadrilateri di Saccheri
triangoli
cerchi
angoli alla semicirconferenza

I risultati di Gauss e Minding ebbero una doppia ricaduta sulla geometria iperbolica. Anzitutto, mostrarono che essa è la naturale geometria di un'intera classe di superfici: appunto, quelle a curvatura costante negativa, il cui valore corrisponde alla misteriosa costante della teoria scoperta da Lambert. E poi, le superfici a curvatura costante negativa permisero di visualizzare, almeno in parte, una geometria che era sembrata paradossale ai suoi primi scopritori, da Saccheri a Lambert.

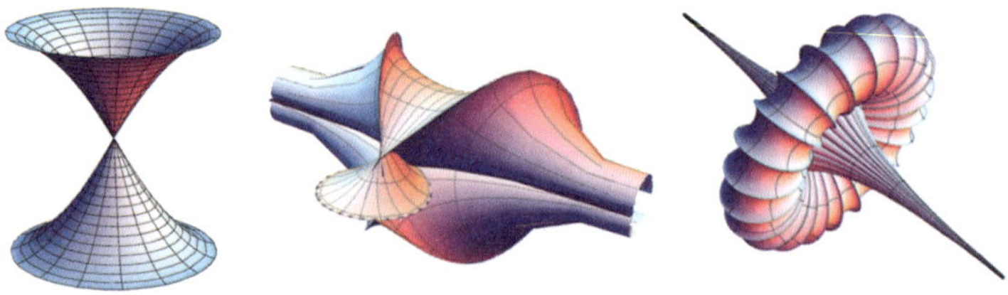

Le superfici a curvatura costante negativa, però, non costituiscono necessariamente un modello completo del piano non euclideo. Esse possono corrispondere soltanto a una sua parte, esattamente come un cilindro, o un cono senza il vertice, corrispondono soltanto a una striscia, o a un settore circolare, del piano euclideo. O come un pallone da rugby senza le punte corrisponde soltanto a uno spicchio di sfera. E la corrispondenza può valere solo in piccolo, e non in grande, esattamente come un cilindro o un cono hanno linee di minima lunghezza chiuse, e il piano euclideo no.

Anzi, nel 1901 David Hilbert ha dimostrato un teorema *Sulle superfici a curvatura gaussiana costante*, secondo il quale nessun tentativo di rappresentare il piano non euclideo mediante una superficie a curvatura negativa costante può filare «perfettamente liscio», dove per «liscio» si intende «senza strappi o pieghe di nessun genere» (tecnicamente, che sia «infinitamente derivabile»).

Detto altrimenti, non c'è niente di simile per la geometria iperbolica a ciò che la sfera è per la geometria sferica. E anche questa è comunque un'eccezione, perché già nel 1899 Heinrich Liebmann aveva dimostrato *Una nuova proprietà della sfera*, secondo cui essa è l'unica superficie chiusa a curvatura costante positiva. Cioè, non c'è modo di piegare la sfera senza bucarla o strapparla, se si vuole preservarne la curvatura.

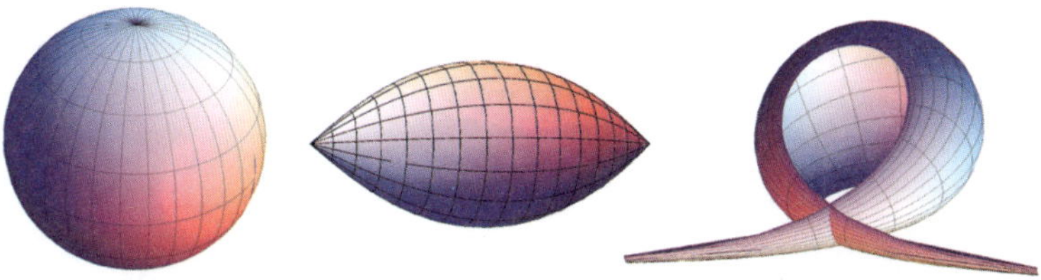

Seguendo però il consiglio di Salvador Dalí, che diceva «non cercate la perfezione, perché *voi* non la raggiungerete», ci si può accontentare di rappresentare la geometria iperbolica con qualcosa che fili «liscio, benché non perfettamente» (tecnicamente, che sia «derivabile una volta», visto che nel 1964 Nikolai Efimov ha studiato la *Generazione di singolarità sulle superfici a curvatura negativa*, e mostrato che meglio non si può fare). Dunque, lo faremo.

Consultiamo la sfera

Prima, però, vogliamo fermarci un momento a meditare sulle tre persone della Santissima Trinità della Geometria, che sono appunto le tre geometrie a curvatura costante.

Le prime due persone, cioè le geometrie euclidea e iperbolica, ci appaiono come manifestazioni diverse di una stessa sostanza, a seconda che si affermi o si neghi il postulato delle parallele. E questa sostanza è la *geometria assoluta* di Bolyai: ossia, l'insieme dei teoremi comuni a entrambe le geometrie, euclidea e iperbolica.

La terza persona della Trinità, cioè la geometria sferica, non sembra invece essere della stessa sostanza delle altre due. Ad esempio, la perpendicolare a una perpendicolare a una retta data non le è affatto parallela, come invece accade nella geometria assoluta. Anzi, poiché di parallele non ce ne sono per nulla, e due rette si incontrano sempre, la geometria sferica sembra avere più la sostanza della geometria proiettiva che quella delle geometrie euclidea e iperbolica.

Forse per questo motivo i Greci, che conoscevano benissimo la geometria sferica, non la considerarono mai una vera alternativa alla geometria euclidea. In particolare, il fatto che in essa fallisse il postulato delle parallele non fu considerato un problema, visto che intanto ne fallivano anche altri. Ad esempio, il secondo postulato di Euclide, che assicura che *ogni segmento si può estendere indefinitamente.*

Il primo ad accorgersi che andava revisionato non soltanto il quinto postulato, ma anche il secondo, fu Bernhard Riemann: il miglior studente di Gauss, e suo successore alla cattedra di Gottinga. Un discepolo che sarebbe arrivato a pareggiare il maestro, se non fosse morto nel 1866 a soli quarant'anni in Italia, dove aveva trascorso l'ultima fase della sua vita, nella speranza di alleviare i problemi fisici e psicologici che lo consumarono precocemente.

Ritratto di Bernhard Riemann, XIX secolo.

Anche così, comunque, lasciò un'impronta indelebile nella storia della matematica dell'Ottocento. Ad esempio, dando in analisi la definizione dell'*integrale di Riemann*, che è quella che si studia ancor oggi alle superiori. O enunciando in teoria analitica dei numeri la celebre *ipotesi di Riemann*, che riguarda la distribuzione dei numeri primi e costituisce il più importante problema aperto della matematica moderna.

Nella sua famosa lezione inaugurale *Sulle ipotesi che stanno alla base della geometria*, tenuta nel 1854 a Gottinga di fronte a un compiaciuto e ormai vecchio Gauss, Riemann effettuò una distinzione fondamentale tra l'*illimitato* e l'*infinito*. E fece notare che il secondo postulato di Euclide si poteva interpretare in due modi diversi:

- *Ogni retta è infinita.*
- *Ogni retta è illimitata.*

I padri fondatori si erano limitati a considerare solo due possibili geometrie, e non tre, perché avevano interpretato il secondo postulato nella prima maniera. In tal caso, era effettivamente possibile dimostrare la contraddittorietà della terza alternativa. Ad esempio, che gli angoli opposti alla base in un quadrilatero di Khayyam-Saccheri fossero ottusi. O che la somma degli angoli di un triangolo fosse maggiore di due retti.

Ma mentre la prima formulazione rende impossibile la «terza via» alla geometria, la seconda ne permette una realizzazione analoga a quella sferica, in cui le rette sono illimitate, ma non infinite. Ironicamente, è proprio questa seconda interpretazione la più consona allo spirito greco, che accettava l'infinito potenziale, ma non quello attuale. E che avrebbe dunque dovuto condurre a leggere Euclide come se parlasse di rette illimitate, appunto, e non infinite!

Nel suo studio del 1871 *Sulla cosiddetta geometria non euclidea* Felix Klein si accorse, addirittura, che di realizzazioni della geometria sferica ne diventavano possibili ben due, invece di una sola, che in seguito furono entrambe chiamate *ellittiche*. Come le due geometrie assolute si distinguono per il numero di parallele a una retta data (una o più di una), così le due geometrie ellittiche si distinguono per il numero di punti in cui due rette date si incontrano (uno o più di uno).

Klein scoprì anche che le geometrie ellittiche si conoscevano già entrambe! Quella in cui le rette si incontrano in più di un punto non è altro che la geometria *sferica*, dove i cerchi massimi si incontrano appunto in due poli antipodali. Quella in cui le rette si incontrano in un punto solo non è invece altro che la geometria *proiettiva*, i cui due assiomi stabiliscono che due punti individuano una e una sola retta, e due rette individuano uno e un solo punto.

Per ottenere, infatti, una geometria simile a quella sferica in cui però le rette si incontrino in un solo punto, invece che in due, il modo più semplice consiste nell'identificare, in una sfera, i punti antipodali fra loro. Questo è difficile da immaginare direttamente, ma indirettamente basta considerare come punti della nuova geometria le rette che passano per due punti antipodali della sfera.

Si ottiene così il fascio di rette passanti per il centro, che è esattamente il modello del piano proiettivo che abbiamo incontrato nel II capitolo. Un modello che nel 1895 Herbert Wells ha descritto nel racconto *Lo straordinario caso degli occhi di Davidson*, diventato nel 2001 un episodio della serie televisiva *I mondi infiniti di H.G. Wells*. Il protagonista, a causa di una disgrazia, vede infatti esattamente quello che succede ai suoi antipodi.

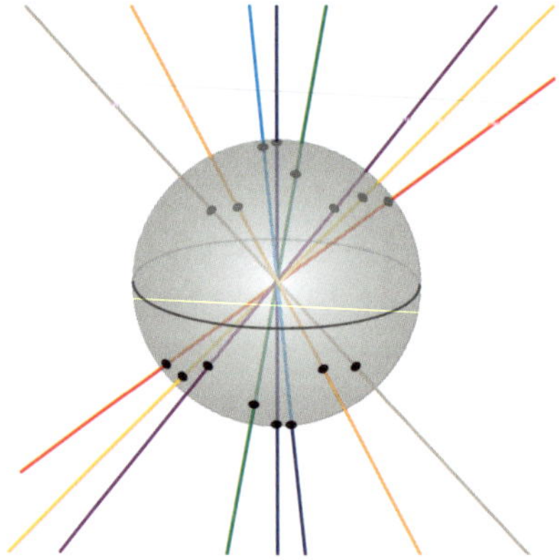

Tutte le geometrie finora considerate risultano così classificate organicamente. Si parte da quella *elementare*, che è la parte comune alle geometrie ellittica e assoluta. Queste ultime si distinguono, tra le geometrie elementari, a seconda che le rette, sempre illimitate, siano finite o infinite. Le geometrie proiettiva e sferica si distinguono, tra quelle ellittiche, a seconda che le rette si incontrino in uno o più punti. E le geometrie euclidea e iperbolica si distinguono, tra quelle assolute, a seconda che ci siano una o più parallele a una retta data.

elementare			
ellittica		assoluta	
proiettiva	sferica	euclidea	iperbolica

Il mondo com'è

Il fatto che la Terra abbia potuto a lungo essere considerata piatta, e che tale continui ad apparire quando si considerino soltanto zone sufficientemente ristrette, mostra che una superficie come la sfera può essere euclidea in piccolo, pur non essendolo in grande.

Una sfera si può dunque considerare come una palla di pezza, costituita da un gran numero di piccolissime toppe praticamente piatte, che si sovrappongono l'una all'altra in maniera uniforme e regolare. E la struttura dell'intera palla si può ridurre alla struttura delle singole toppe da un lato, e alla loro posizione rispetto a un sistema di riferimento canonico, quale il reticolo dei meridiani e dei paralleli, dall'altro.

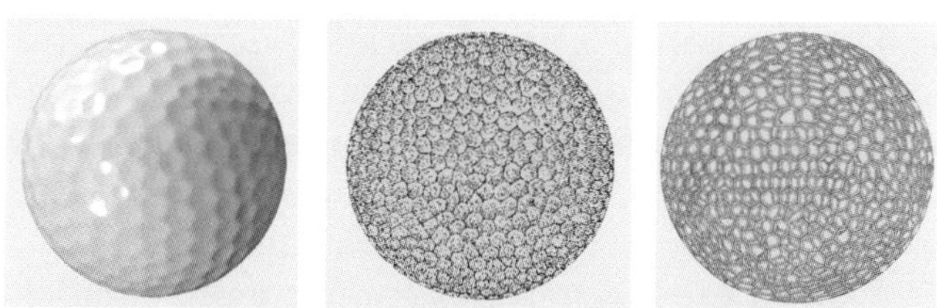

Pallina da golf, *Aulonia Hexagona* (radiolare disegnato da Ernst Haeckel) e Lucio Saffaro, *Sfera aulonare*, 1967.

Un'altra delle innovazioni che Riemann introdusse nel suo lavoro del 1854 fu di estendere questo approccio, definendo le cosiddette *superfici di Riemann*. Che sono appunto ottenute mettendo insieme, in maniera uniforme e regolare, piccolissimi pezzi del piano euclideo. Si riottengono in tal modo tutte le superfici solite, ma se ne ottengono anche molte altre, che non risultano immergibili nello spazio euclideo.

Il Climatron all'interno del giardino botanico di St. Louis nel Missouri.

Proprio per questo motivo, non si può in generale definire la curvatura per una superficie di Riemann mediante misure estrinseche. Ma si può farlo mediante misure intrinseche, decidendo di usare come *definizioni* i *teoremi* che Gauss aveva dimostrato per le superfici dello spazio euclideo. In particolare, si possono considerare le superfici di Riemann a curvatura costante: esse risultano ancora avere una geometria sferica, euclidea o non euclidea, a seconda che la curvatura sia positiva, nulla o negativa. In genere, però, le superfici di Riemann hanno una curvatura variabile.

Oltre che come modelli di geometrie matematiche, le superfici di Riemann (a più dimensioni, ad esempio gli *spazi tridimensionali di Riemann*) possono essere considera-

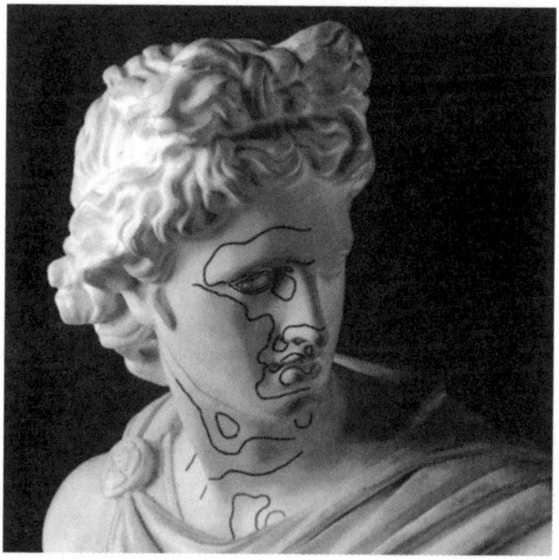

Il volto dell'*Apollo del Belvedere* come superficie a curvatura variabile, con le curve di separazione tra curvature positive e negative disegnate da Felix Klein.

te come modelli del mondo fisico. La cosa era già chiara a Riemann stesso, ma nel 1870 William Clifford la precisò così, in *Una teoria spaziale della materia*:

1. Le porzioni infinitesime di spazio hanno una natura analoga a colline su una superficie che è mediamente piatta.
2. La curvatura, o distorsione, dello spazio passa in maniera continua da una porzione all'altra, come un'onda.
3. La variazione della curvatura è ciò che veramente accade in quel fenomeno che chiamiamo moto della materia.
4. Nel mondo fisico non succede nient'altro, se non questa variazione continua.

Come vedremo tra poco, queste parole risulteranno profetiche. Ma ben prima di Riemann, già Gauss si era domandato se la geometria dell'universo fosse euclidea, come si era pensato fino ad allora, oppure di un altro tipo. Anzi, egli attribuì la qualifica di «astrale» alla geometria iperbolica, proprio per suggerire un suo possibile utilizzo nella descrizione del cosmo.

Nelle *Disquisizioni generali sulle superfici curve* del 1827 Gauss scrisse di aver misurato la somma angolare di un *triangolo geodetico* avente per vertici i tre picchi tedeschi di Brocken, Hohehagen e Inselsberg. I lati erano rispettivamente di 69, 85 e 197 chilometri, e il risultato fu un eccesso di circa 15 secondi: troppo piccolo, cioè ben inferiore all'errore sperimentale, per dimostrare che si trattasse di un triangolo sferico, e non euclideo.

Gauss sapeva dunque che, a meno che la curvatura dello spazio fosse stata enorme, non se ne sarebbero potuti osservare gli effetti su triangoli di piccola dimensione. Infatti, come abbiamo già osservato a pagina 161, nella geometria iperbolica questi triangoli appaiono comunque euclidei, ed è solo col crescere delle loro dimensioni che l'effetto diventa gradualmente percepibile.

Nei *Princìpi della geometria* del 1829 Lobačevskij provò a fare una misura analoga su un *triangolo astronomico*, formato dalla Terra, dal Sole e dalla stella Sirio. Trovò un difetto angolare di 4 decimillesimi di secondo, che era in realtà cento volte maggiore del valore reale. Nonostante l'errore, la conclusione fu comunque che, se lo spazio era curvo, la sua curvatura doveva essere molto piccola, rispetto al diametro dell'orbita terrestre.

Il legame tra la struttura del mondo fisico, le geometrie non euclidee e le superfici di Riemann divenne d'attualità con la teoria della relatività speciale, introdotta da Einstein nel 1905. Nel 1908 Hermann Minkowski dimostrò infatti, in *Spazio e tempo*, che la metrica dello spazio-tempo einsteiniano è iperbolica.

Più precisamente, nella meccanica newtoniana il quadrato della distanza spazio-temporale dall'origine di un evento di coordinate spaziali x, y, z e coordinata temporale t è

$$x^2 + y^2 + z^2 + t^2.$$

Ma nella meccanica einsteniana, se si usano unità di misura rispetto alle quali la velocità della luce risulta uguale a 1, il quadrato della distanza è invece

$$x^2 + y^2 + z^2 - t^2.$$

Si ottiene così la cosiddetta *geometria di Minkowski*, caratteristica dello spazio-tempo vuoto della relatività speciale. Benché questa geometria abbia appunto una metrica iperbolica, la sua curvatura di Riemann rimane comunque nulla: per questo si parla, in proposito, di *geometria pseudo-euclidea*. È solo nella relatività generale, introdotta da Einstein nel 1915, che la curvatura dello spazio-tempo diventa non nulla in prossimità della materia, e genera una geometria non euclidea.

Lo spazio-tempo risulta in tal caso essere una superficie di Riemann quadridimensionale. Su di essa i corpi liberi si muovono percorrendo le geodetiche, come massi che rotolano lungo una china secondo linee di minima resistenza, o come un treno che segue un percorso curvilineo segnato dai binari. E a seconda che la distribuzione (in piccolo o in grande) della materia sia più o meno uniforme, la geometria (in piccolo o in grande) dell'universo si avvicina più o meno a quella di una superficie di Riemann a curvatura costante, analoga a una di quelle che abbiamo visto.

Poiché le possibili geometrie dello spazio-tempo compatibili con la relatività generale sono infinite, per poter determinare quella che corrisponde all'universo reale sono necessarie ipotesi teoriche e osservazioni pratiche. Tra le prime, Einstein introdusse nel 1917 il cosiddetto *principio cosmologico*, già presagito da Nicola Cusano e Giordano Bruno: in grande, l'universo è omogeneo e isotropo, cioè appare in un dato istante allo stesso modo, da qualunque punto e in qualunque direzione lo si guardi. Tra le seconde, Edwin Hubble scoprì nel 1929 che l'universo è in espansione.

Su queste basi, si può dimostrare che l'universo deve aver avuto un inizio nel tempo: il famoso Big Bang. E che deve avere, in grande, una curvatura costante: dunque, può avere solo tre possibili geometrie, che determinano tre diverse possibili evoluzioni della sua storia.

- A uno spazio-tempo sferico corrisponde il cosiddetto *universo di Friedmann*, scoperto nel 1922 dal russo Aleksandr Friedmann. Si tratta di un universo chiuso, con una contrazione finale uguale e contraria all'esplosione iniziale: cioè, un Big Crunch.
- A uno spazio-tempo euclideo corrisponde il cosiddetto *universo di Einstein e de Sitter*, scoperto nel 1932 da Einstein e Willem de Sitter. Si tratta di un universo aperto e piatto, senza fine, ma con un rallentamento asintotico dell'espansione.

- A uno spazio-tempo iperbolico corrisponde un universo aperto e curvo. Dunque, con un'espansione che continua indefinitamente, senza rallentare.

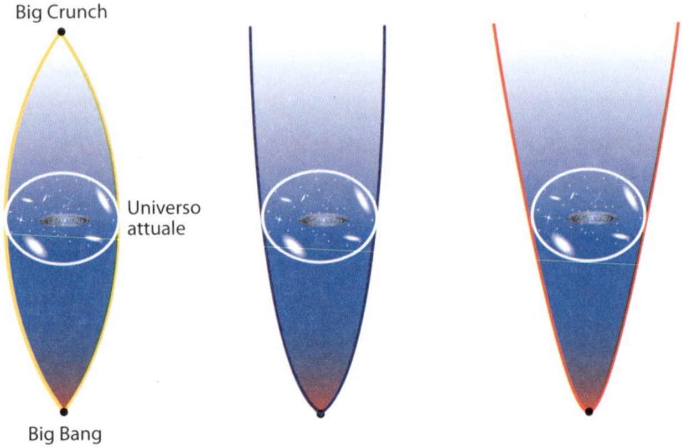

Il mondo come lo vediamo

Una volta abbattuto il tabù euclideo per la descrizione geometrica del mondo fisico, si poteva finalmente passare all'abbattimento del complementare tabù proiettivo per la descrizione geometrica del mondo visivo.

Il tabù era stato reiterato nella sua forma più estrema e influente nel 1781, dalla *Critica della ragion pura*. In essa Kant aveva sostenuto che lo spazio euclideo è un *a priori* della nostra percezione, nel senso che gli oggetti del mondo ci appaiono con un'estensione spaziale (oltre che con una durata temporale) non perché possiedano contingentemente queste caratteristiche, ma perché è la struttura dei nostri sensi e della nostra mente a farceli necessariamente percepire così.

Se Kant aveva ragione, la geometria euclidea era un presupposto della nostra conoscenza del mondo, invece che una sua conseguenza, e persino la semplice immaginazione di geometrie non euclidee ci doveva essere preclusa. La proposta di una tale geometria avrebbe dunque sollevato le strida dei Beoti kantiani, e il timore dello strepito aveva appunto suggerito a Gauss di non divulgare le sue ricerche in proposito.

Il primo ad affrontare apertamente il problema della

geometria della percezione fu Hermann von Helmholtz, nel saggio sull'*Origine e il significato degli assiomi geometrici* del 1870. La sua conclusione fu che, dopo la scoperta delle geometrie non euclidee, la filosofia di Kant non poteva essere salvata integralmente: anche volendo mantenere l'idea che lo spazio fosse un *a priori* della nostra percezione, bisognava comunque lasciar cadere l'ipotesi che esso dovesse necessariamente avere caratteristiche euclidee.

Le vere caratteristiche dello spazio visivo dovevano essere determinate in maniera sperimentale: in particolare, attraverso un duplice studio di *come percepiamo le rette parallele*, e di *che rette percepiamo come parallele*. Che in questo campo ci fossero dei problemi lo lasciava intuire una lunga serie di paradossi visivi, di alcuni dei quali abbiamo già parlato.

Due ulteriori furono scoperti entrambi nel 1860. Il primo è l'illusione di Johann Zöllner, in cui le rette parallele sembrano alternativamente convergere o divergere, a seconda della direzione dei segmenti verticali o orizzontali di disturbo. E l'altro è l'illusione di Christian Poggendorff, in cui le parti di un'unica retta, interrotta da uno o più spazi vuoti, vengono percepite come parti di rette parallele distinte.

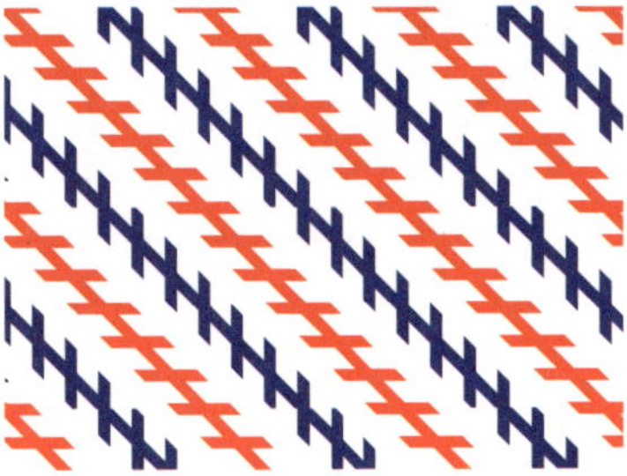

Evidentemente, la percezione del parallelismo è instabile e può facilmente essere ingannata: tutto sembra indicare che essa sia acquisita e artificiale, più che innata e naturale. Che cosa succeda quando si cerca di rappresentare il mondo come lo vediamo, prima di apportare correzioni cognitive a ciò che vediamo, lo mostra un confronto fra *La stanza di Arles* di Van Gogh e la prospettiva «corretta» del suo bozzetto.

Nelle intenzioni dell'artista questo quadro «dovrebbe

Vincent Van Gogh, *La stanza di Arles*, bozzetto e dipinto, 1888.

far pensare a quiete e, più in generale, al sonno. In breve, guardare il quadro dovrebbe avere l'effetto di calmare la mente, o meglio, la fantasia». Il risultato è invece un misto di inquietudine e di straniamento, provocato appunto dall'*epoché* dei riferimenti strutturali e culturali.

La stanza di Arles non è comunque un caso isolato, nella produzione di Van Gogh: altre due sue distorsioni prospettiche, entrambe del 1888 come la precedente, sono *Il ponte di Trinquetaille* e *Il ponte della ferrovia sull'avenue Montmajour*.

Vincent Van Gogh, *Il ponte di Trinquetaille* e *Il ponte della ferrovia sull'avenue Montmajour* dipinti e bozzetti, 1888.

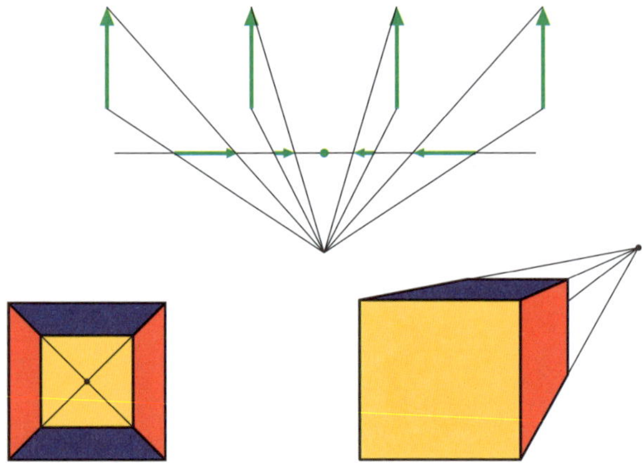

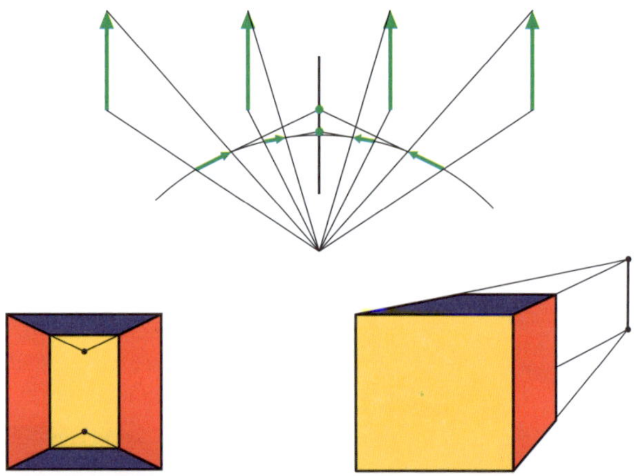

E soluzioni visive di questo tipo non compaiono solo nelle sue opere: anche Paul Cézanne, ad esempio nella *Curva nella strada a La Roche-Guyon* del 1885, presenta distorsioni analoghe.

Se queste opere apparvero e appaiono sorprendenti, è perché appartengono a un periodo in cui la prospettiva classica si era ormai imposta come un paradigma culturale, e tale rimane ancor oggi. Prima del Rinascimento, invece, rappresentazioni curve di linee che la prospettiva richiederebbe di disegnare diritte erano usuali.

Nell'arte greca e romana, ad esempio, gli oggetti venivano disegnati secondo le regole dell'*Ottica* euclidea. Cioè, come se fossero proiettati non su un piano perpendicolare alla direzione dello sguardo, ma su una sfera avente l'occhio dell'osservatore come centro. In particolare, le loro dimensioni erano proporzionali all'angolo sotteso rispetto all'occhio, e non alla loro distanza dall'osservatore.

Proiettare gli oggetti su una sfera o su un cilindro, invece che su un piano, produce un vero e proprio cambiamento di prospettiva. L'unico punto di fuga della prospettiva centrale viene infatti sostituito da un intero *asse di fuga* di una *prospettiva assiale*, chiamata anche *a lisca di pesce*. E le rette parallele, anziché convergere rettilineamente nel punto di fuga, si avvicinano asintoticamente all'asse di fuga.

Questa tecnica venne riscoperta nel Medioevo, e usata più o meno consciamente da Duccio di Buoninsegna e Giotto: ad esempio, nell'*Ultima cena* del primo, e nella *Conferma della regola* del secondo (vedi alla pagina seguente). Solo nel Quattrocento fu soppiantata dalla prospettiva centrale, che rimase in vigore per tutto il secolo.

Un secolo di studi condotti nella direzione indicata da Helmholtz hanno portato nel 1927 a *La prospettiva come «forma simbolica»* di Erwin Panofsky, nel 1947 all'*Analisi matematica della visione binoculare* di Rudolf Lunenburg, e nel 1983 a *La percezione spaziale e la filosofia della scienza* di Patrick Heelan. E hanno sorprendentemente mostrato che il motivo per cui prospettive così diverse sono state proposte e adottate, nel corso della storia, è che esse sono tutte implicitamente presenti nella fisiologia della visione.

Giotto, *Conferma della regola*, 1290-95.

Duccio di Buoninsegna, *Ultima cena*, 1308-11.

In particolare, come aveva già intuito Keplero, la percezione curva di linee che in realtà sono rette ha il suo substrato fisiologico nella curvatura della retina. E, come si è invece scoperto recentemente, la percezione convergente o divergente di rette che in realtà sono parallele ha il suo substrato psicologico nella complessa struttura del campo visivo.

Più precisamente, l'occhio funziona come un obiettivo multifocale. A piccola distanza come un grandangolo, che fa divergere le rette parallele secondo una prospettiva inversa. A media distanza come una lente non distorcente, che mantiene parallele le rette parallele. E a grande distanza come uno zoom, che fa convergere le rette parallele secondo una prospettiva diretta.

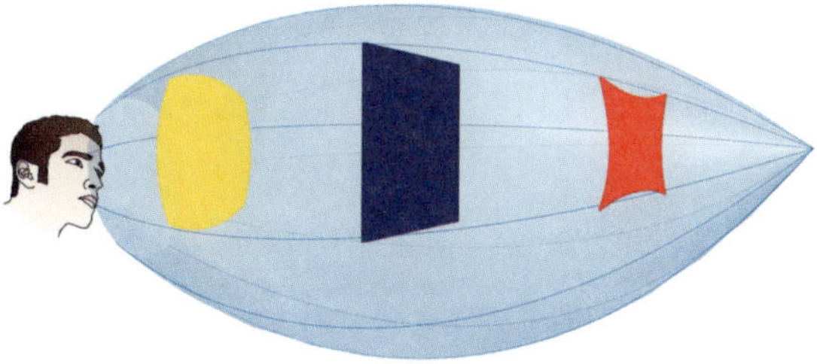

Dunque, contrariamente a ciò che pensava Kant, tutte e tre le geometrie fondamentali costituiscono degli *a priori* della nostra percezione: non solo la geometria euclidea, ma anche la sferica e l'iperbolica. Anche se ovviamente, soprattutto nel caso di quest'ultima, non era possibile accorgersene fino a quando non la si fosse scoperta.

VII

Ormai siamo a cavallo

Beltrami

Prima dell'avvento dei motori, il ruolo delle macchine era svolto dai cavalli. Lo testimonia, ad esempio, il fatto che quando James Watt dovette assegnare una misura alla potenza dei suoi motori, la chiamò «cavallo vapore». E benché nel Sistema internazionale di unità di misura si usino ormai i *watt* in suo onore, l'unità di potenza da lui introdotta sopravvive tuttora in molti paesi occidentali, oltre al nostro: *horse power* in Inghilterra e Stati Uniti, *Pferdestärke* in Germania, *cheval-vapeur* in Francia, eccetera.

Naturalmente, prima di poterne sfruttare il lavoro, il cavallo dovette essere domato e addomesticato. Cosa che avvenne in Ucraina alla fine del Neolitico, verso il −4000, a partire da una razza selvaggia ora estinta. Dapprima i cavalli vennero utilizzati come animali da soma o da tiro. E la potenza sviluppata da un cavallo nel corso della sua attività giornaliera si aggira effettivamente attorno a un cavallo vapore. Anche se, per sforzi intensi e concentrati su brevi periodi, può anche arrivare a sfiorare i 15 cavalli a vapore.

Probabilmente non passò molto tempo prima che i cavalli venissero cavalcati. Dapprima a pelo o con una coperta, come ancora facevano i pellerossa a fine Ottocento. In seguito si aggiunsero cuscini e lacci, ma solo verso il −1000 gli Assiri svilupparono una vera e propria sella. E si dovettero attendere alcuni altri secoli, perché i Cinesi e gli Indiani completassero l'opera con le staffe.

Queste innovazioni trasformarono il cavallo in un'autentica macchina da guerra, ma non giunsero in Europa che più di un millennio dopo. I Greci non le conoscevano, ad esempio, e nelle campagne di Alessandro i cavalli venivano ancora cavalcati a pelo. Lo stesso succedeva ancora nelle campagne di Cesare, e solo verso la fine del periodo imperiale fu introdotta la tipica sella romana a quattro corni.

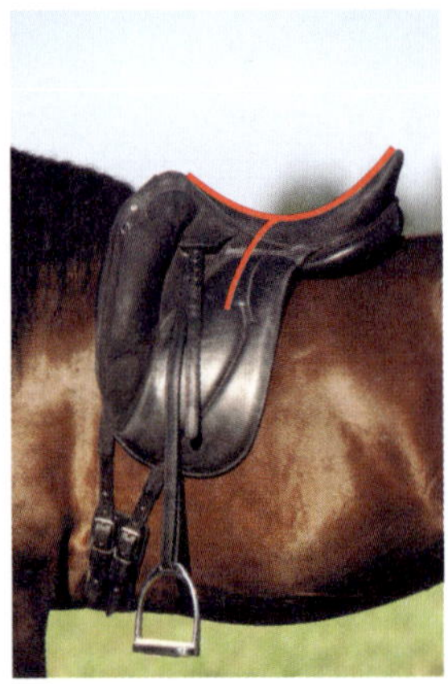

Dopo il Medioevo la sella da cavallo, il cui nome deriva appunto dal latino *sedere*, «star seduto», ha gradualmente assunto la forma moderna. Sulla sella ci si siede a cavalcioni: dunque si incrociano la curvatura del dorso del cavallo in un senso, con la curvatura del cavallo delle gambe del cavaliere nell'altro. Ovvero, si determina un punto di incontro tra due curvature opposte, e perciò una curvatura negativa.

Naturalmente, per trovare una curvatura negativa non c'era bisogno di salire a cavallo. Bastava guardare fra le gambe del cavaliere, ad esempio, dove si incontrano le opposte curvature dell'interno delle cosce e dell'esterno del busto. O andare in gita a una sella montana, in cui si incontrano le opposte curvature di un passo e di due picchi. O assistere a una partita di hockey nello stadio olimpico di Calgary, chiamato appunto Saddledome, «cupola a sella».

Lo stadio olimpico Saddledome a Calgary in Canada.

Il trattore e la trattrice

Un conto è visualizzare qualche punto a curvatura negativa su una superficie, come una sella. E un altro immaginarsi un'intera superficie a curvatura negativa costante, che costituisca un modello della geometria iperbolica. Ma nella seconda metà dell'Ottocento Eugenio Beltrami mostrò come farlo in più modi, uno più affascinante dell'altro.

Eugenio Beltrami.

Il suo *Saggio di interpretazione della geometria non euclidea*, pubblicato nel 1868, costituisce l'altra faccia della medaglia dell'indipendente lavoro di Riemann del 1854. Entrambi furono pubblicati molto tempo dopo essere stati scritti. Entrambi contenevano molte idee innovative e feconde. Ed entrambi sono in seguito assurti al livello di veri e propri classici.

Beltrami inizia considerando una superficie chiamata *pseudosfera*, definita nel 1692 da Huygens, che si ottiene facendo ruotare attorno al suo asintoto una curva chiamata *trattrice*, definita nel 1670 da Claude Perrault.

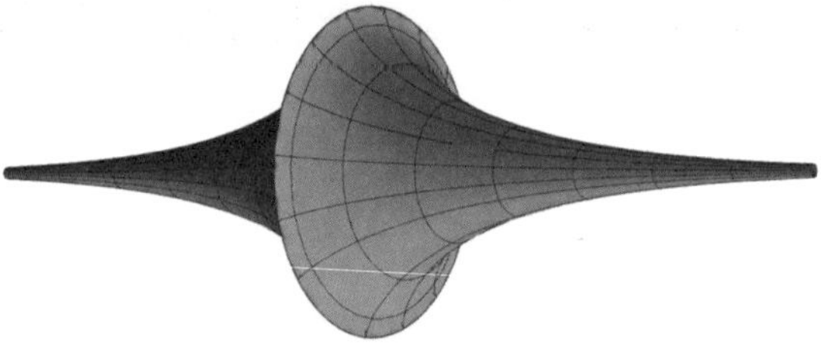

La trattrice prende il suo nome, che significa «curva di trazione», dal fatto di essere la curva descritta da un peso tirato con una corda, quando ci si muove a velocità costante lungo una retta, che costituisce appunto l'asintoto. Per lo stesso motivo, il suo nome in tedesco è *Hundkurve*, «curva del cane (al guinzaglio)».

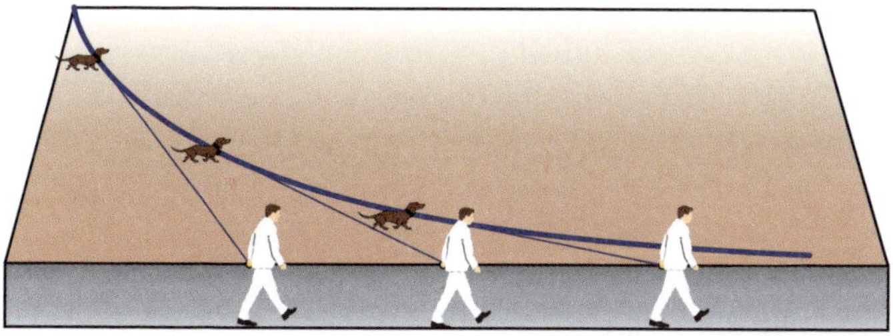

Per calcolare la curvatura della pseudosfera in un punto, bisogna considerare le sezioni perpendicolari al piano tangente. Quella di minima curvatura è una trattrice. Quella di massima curvatura un ovale, rivolto nella direzione opposta. Dunque, le curvature estreme delle sezioni hanno segni contrari, e *la curvatura della pseudosfera è negativa*.

Inoltre, i raggi di curvatura della trattrice (r_t) e dell'ovale (r_o) costituiscono le proiezioni sull'ipotenusa dei cateti di un triangolo rettangolo, che ha per altezza la lunghezza della corda che definisce la trattrice (r). Come nella dimostrazione «parsimoniosa» del teorema di Pitagora, $r^2 = r_t \cdot r_o$. Dunque, *la curvatura della pseudosfera è costante* e pari a $-1/r^2$.

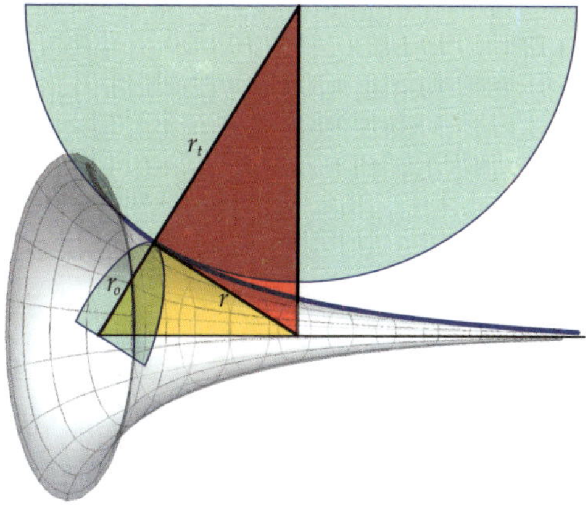

La pseudosfera deriva appunto il suo nome dal fatto di avere la stessa curvatura costante della sfera, però con segno opposto. Le analogie non si limitano alla curvatura,* ma c'è una differenza cruciale: mentre la sfera è un modello completo della geometria sferica, la pseudosfera è solo un modello parziale della geometria iperbolica.

Da questo punto di vista la pseudosfera assomiglia, più che a una sfera, a un cono. Entrambe le superfici corrispondono infatti a settori circolari dei rispettivi piani: in particolare, la pseudosfera a un settore di orociclo. Questa doppia natura della pseudosfera si può sintetizzare in una doppia proporzione:

$$\frac{\text{sfera}}{\text{geometria sferica}} = \frac{\text{cono}}{\text{geometria euclidea}} = \frac{\text{pseudosfera}}{\text{geometria iperbolica}}$$

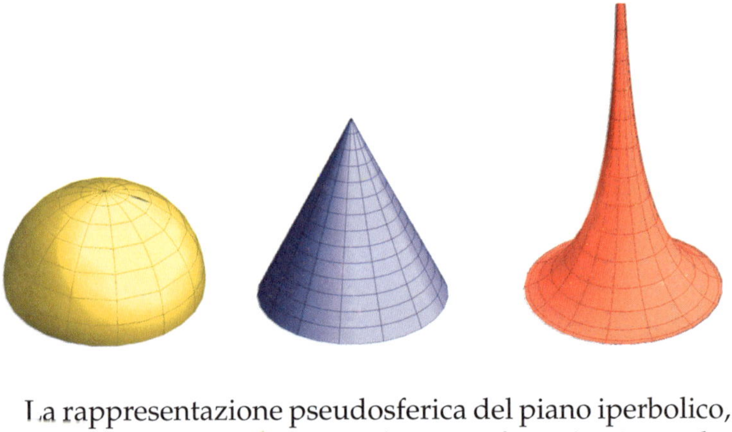

La rappresentazione pseudosferica del piano iperbolico, oltre a essere incompleta, è anche imperfetta. Anzitutto, ha un buco, che deriva dal fatto che la trattrice ha un asintoto. E poi, ha una piega sul bordo che unisce le sue due parti. Questa piega deriva, a sua volta, dalla corrispondente piega che la trattrice ha nel punto che corrisponde all'inizio della trazione, e separa il movimento nelle due direzioni.

* Ad esempio, la superficie della pseudosfera è $4\pi r^2$, come per la sfera. E il suo volume $2\pi r^3/3$, come per la semisfera.

Beltrami cercò di ovviare al problema, costruendo un modello di carta che si può estendere a piacere. Egli partì dall'osservazione che, come illustrato nella penultima serie di figure a pagina 187, per ottenere un punto iperbolico isolato, basta prendere un cerchio di carta e tagliarlo a spicchi come una torta. Eliminando spicchi alterni, e unendo i rimanenti, si ottiene una porzione di superficie sferica. Aggiungendo invece spicchi alterni, e inserendoli tra quelli di partenza, si ottiene una porzione di superficie iperbolica.

Per ottenere una superficie iperbolica intera, Beltrami tagliò delle striscioline di carta ad arco di cerchio, tutte con lo stesso raggio *r* e la stessa altezza. E le incollò insieme in modo da far aderire il lato interno di una con quello esterno di un'altra. Minore è l'altezza delle striscioline, e migliore è l'approssimazione al piano iperbolico con raggio di curvatura *r*.

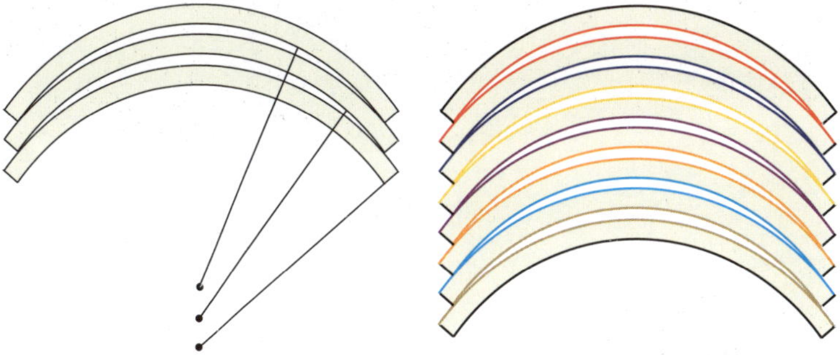

Le striscioline corrispondono a orocicli equidistanti fra loro, e costituiscono una griglia analoga ai paralleli di una sfera. Poiché il loro lato interno è leggermente più curvo di quello esterno, i loro bordi non combaciano perfettamente: questo crea una curvatura negativa costante della superficie, e fa sì che il modello appaia tutto ondulato.

Quand'esso è arrotolato, si presenta come un segmento

di pseudosfera con il bordo ondulato, appunto, e all'epoca un giornale satirico lo paragonò alla «cuffia di una nonna». Di qui, il nome di *cuffia di Beltrami*.

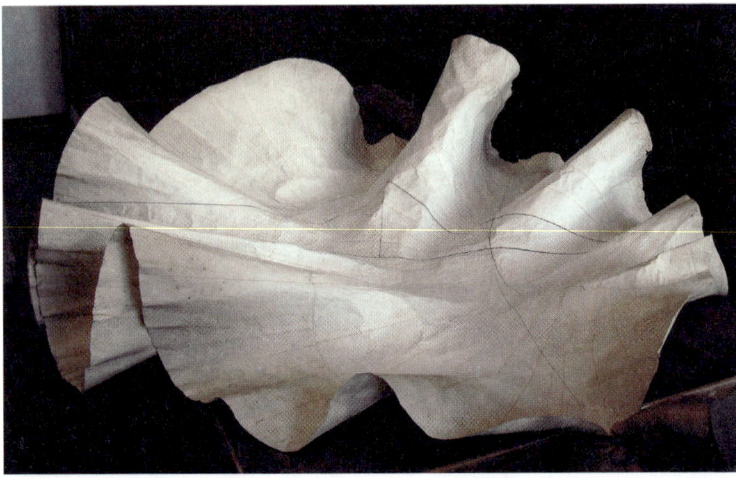

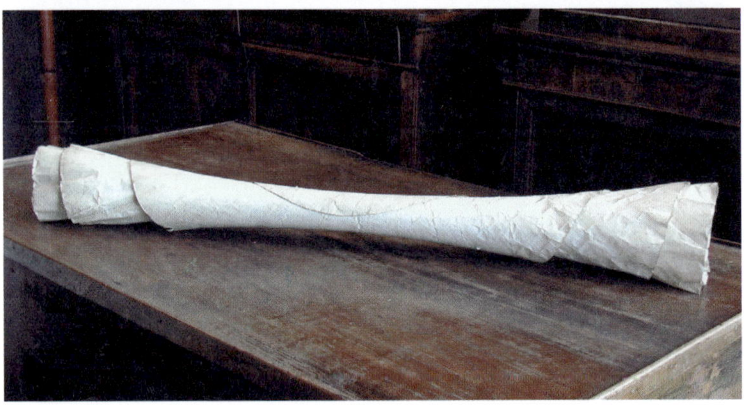

Una volta capito in che direzione bisognava guardare, di modelli del genere se ne sono trovati parecchi in natura, e se ne sono costruiti parecchi artificiali. Per quanto riguarda i primi, si è scoperto che hanno una geometria iperbolica molti organismi biologici, soprattutto marini: tutti accomunati dalla necessità di massimizzare per vari motivi la propria superficie, avendo a disposizione solo un volume limitato. Ad esempio, le alghe kelp, i Nudibranchi e alcuni coralli. Ma anche le foglie di lattuga e di cavolo nero, i Platelminti e alcuni cactus.

Per quanto riguarda i modelli artificiali, Daina Taimina ha scoperto nel 1997 un modo per costruire il modello di Beltrami coi ferri da maglia, invece che con le striscioline di carta. Il suo metodo è poi dilagato, sviluppandosi in una vera e propria arte artigianale. La Taimina ha pubblicato nel 2009 un intero libro sulle sue *Avventure a maglia coi piani iperbolici*. E l'Institute for Figuring di Los Angeles ha lanciato da vari anni un progetto a cavallo tra l'arte, la biologia marina e la matematica, per realizzare a maglia un'intera variegata e variopinta Barriera corallina iperbolica.

Nel 2009 le superfici iperboliche hanno infine raggiunto il grande pubblico, grazie al film *Avatar* di James Cameron. Uno degli effetti speciali, che sono valsi l'Oscar allo scenografo Joe Letteri, è infatti un campo di fiori chiamati «helicoradian».

La loro forma si genera combinando il movimento di rotazione della trattrice attorno al suo asintoto, che da solo produrrebbe la pseudosfera, con un movimento di traslazione della trattrice lungo l'asintoto, che produce una torsione della pseudosfera. Si ottiene così una superficie elicoidale a curvatura costante negativa, scoperta nel 1865 dal ventenne Ulisse Dini e chiamata appunto *elicoide di Dini*.

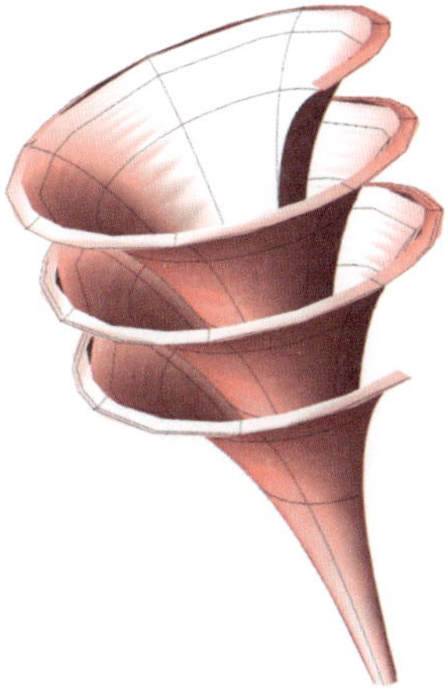

La dichiarazione di indipendenza

I modelli di Beltrami aprivano la via alla visualizzazione della geometria iperbolica, ma non risolvevano ancora il duplice problema che aveva assillato tutti i ricercatori del campo, da Posidonio e Gemino a Bolyai e Lobačevskij. Da un lato, il postulato delle parallele era veramente necessario, oppure si poteva dimostrare a partire dagli altri quattro? Dall'altro lato, la geometria costruita sulla sua negazione era realmente non contraddittoria, oppure sembrava soltanto tale?

I due problemi erano ovviamente legati fra loro, e la soluzione di uno avrebbe portato anche alla soluzione dell'altro. Fu lo stesso Beltrami a risolverli entrambi, mostrando nel suo saggio del 1868 che *il quinto postulato di Euclide è indipendente dagli altri quattro*. E che *la geometria iperbolica non è contraddittoria, a meno che non lo sia anche quella euclidea*.

Già nel 1865 Beltrami aveva pubblicato la *Risoluzione del problema di riportare i punti di una superficie sopra un piano in modo che le linee geodetiche vengano rappresentate da linee rette*. Il problema risultava risolubile esattamente per le superfici a curvatura costante, con un'interessante differenza.

Per le superfici a curvatura costante positiva, come la sfera, una proiezione come quella centrale su un piano tangente trasforma effettivamente i cerchi massimi in rette: i primi, infatti, sono le intersezioni dei piani passanti per il centro con la sfera, e le seconde, invece, sono le intersezioni di quegli stessi piani con il piano tangente. Ma una tale proiezione spande la superficie finita di una semisfera sulla superficie infinita del piano, come si vede nella figura a pagina 70.

Per le superfici a curvatura costante negativa, come la pseudosfera, succede esattamente il contrario. Cioè, le proiezioni che trasformano le linee di minima distanza in rette risultano sempre confinate all'interno di un cerchio, anche quando la superficie è infinita come la pseudosfera.

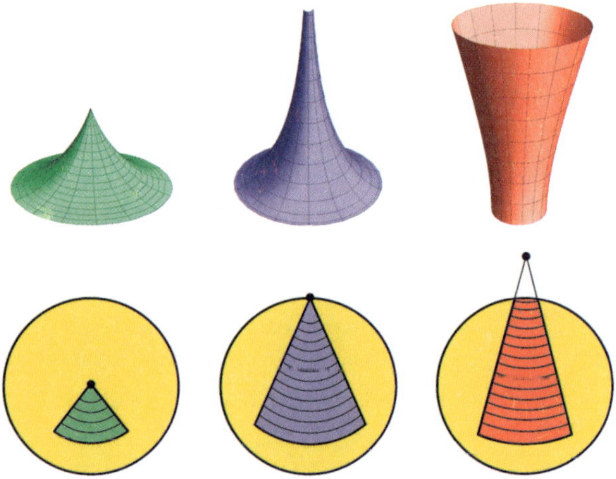

Beltrami capì allora che non c'era bisogno di una superficie euclidea infinita per modellare il piano iperbolico, ma ne bastava una finita. Anzi, bastava estendere all'intero cerchio la geometria che la proiezione della pseudosfera aveva proiettato su una sua parte, in maniera analoga a come si estende all'intero piano la geometria del cilindro o del cono. In particolare, si poteva *considerare il cerchio euclideo come il piano iperbolico, e le sue corde come le rette iperboliche*.

Ovviamente, poiché il piano iperbolico non ha bordo, anche il cerchio va considerato senza la circonferenza, e i punti di quest'ultima vanno considerati come punti all'infinito. È immediato notare che in questo modello *il postulato delle parallele non è soddisfatto*: data una corda e un punto del cerchio fuori di essa, esistono più corde che passano per il punto e non incontrano la corda data.

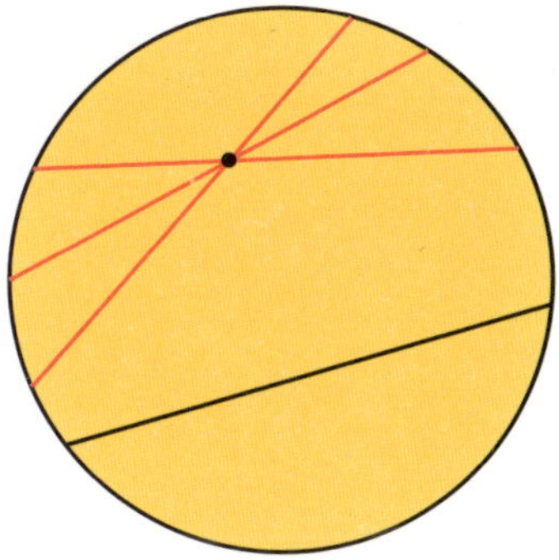

Questo non basta, naturalmente, a provare di aver ottenuto un modello della geometria iperbolica. Ad esempio, bisogna specificare come misurare le distanze e gli angoli, e la cosa non si può fare come nella geometria euclidea. Infatti, per un già citato teorema di Hilbert, non si può ottenere un modello completo di una superficie a curvatura costante negativa usando soltanto distanze e angoli euclidei, come succede invece nel modello parziale della pseudosfera.

Ma Beltrami definì appropriatamente distanze e angoli, e verificò che il suo modello soddisfaceva i primi quattro postulati di Euclide. Fu così risolto un problema millenario, che aveva angustiato i geometri fin dai tempi di Euclide. E quest'ultimo fu vendicato, perché l'indipendenza del quinto postulato dimostrava che egli aveva fatto bene ad aggiungerlo agli altri quattro, visto che non era derivabile da essi.

Avendo a disposizione il modello di Beltrami, si possono facilmente raffigurare alcune delle nozioni problematiche della geometria iperbolica. Ad esempio, le *parallele asintotiche* a una retta passanti per un punto sono semplicemente le corde del cerchio che incontrano la corda data sul bordo, cioè in un punto all'infinito. E le *parallele non asintotiche* sono le corde comprese fra quelle.

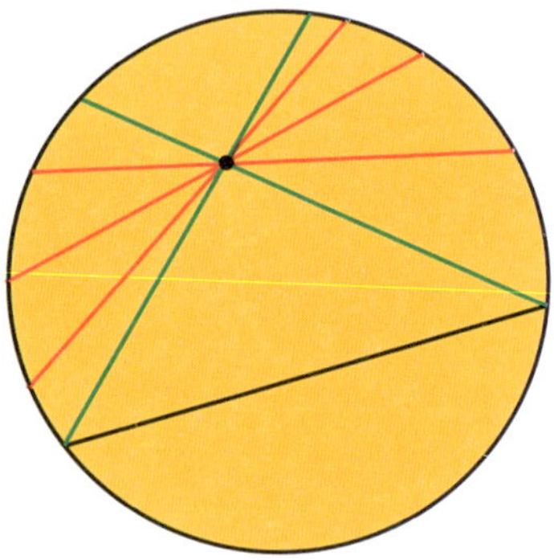

Poincaré si attacca al tram

Un secondo modello trovato da Beltrami va ancora più in là, perché permette di rappresentare gli angoli in maniera euclidea, al prezzo di complicare leggermente la rappresentazione delle rette. Questa volta, si tratta di *considerare il cerchio euclideo come il piano iperbolico, e gli archi di cerchi perpendicolari al suo bordo (oltre alle corde passanti per il centro) come le rette iperboliche.*

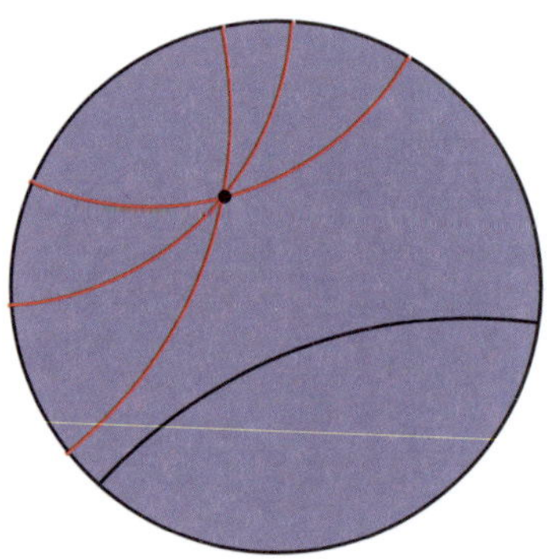

Il vantaggio di questo secondo modello è che esso permette di raffigurare facilmente anche le nozioni che coinvolgono gli angoli. Ad esempio, i *cerchi iperbolici* sono cerchi contenuti nel bordo, con un'avvertenza: il loro centro iperbolico non coincide con il loro centro euclideo, perché le distanze continuano a non essere quelle euclidee. Gli *orocicli* sono invece cerchi tangenti al bordo, e dunque con un punto all'infinito. O, se si preferisce, con un raggio infinito.

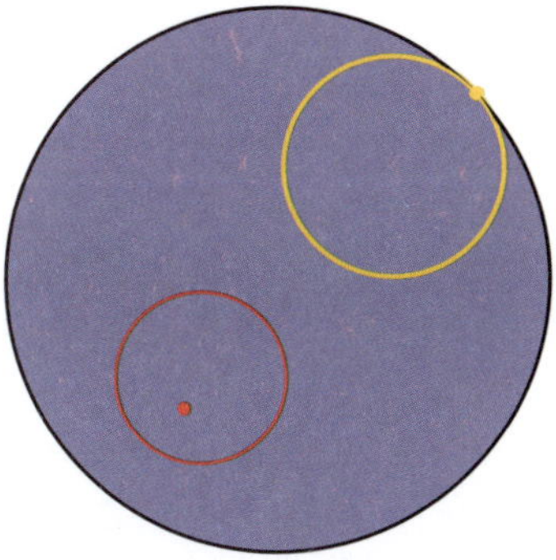

Per un'ingiustizia della storia, nessuno dei due modelli trovati da Beltrami porta oggi il nome del suo vero scopritore. Essi si chiamano rispettivamente *modello di Klein* e *modello di Poincaré*, perché Felix Klein e Henri Poincaré li applicarono in due importanti campi della matematica: la geometria proiettiva il primo, nel 1871, e la teoria delle funzioni fuchsiane il secondo, nel 1881.

Felix Klein e Henri Poincaré.

Salvador Dalí, *Santiago el Grande*, 1957.

Per inciso, il modo in cui Poincaré arrivò al suo risultato divenne in seguito un paradigma del processo di intuizione scientifica. Molti anni dopo, nel 1908, lo ricordò così egli stesso, in una conferenza sull'*Invenzione matematica*:

> In quel periodo partii da Caen, ove allora abitavo, per partecipare a un'escursione geologica organizzata dalla Scuola dei Minatori. Le peripezie del viaggio mi fecero dimenticare

> i miei lavori matematici. Giunti che fummo a Coutances, salimmo in omnibus per non so più quale gita. Nel momento stesso in cui misi il piede sul predellino, ecco che mi venne l'idea, senza che nulla dei miei precedenti pensieri, almeno in apparenza, mi ci avesse predisposto: le trasformazioni che avevo usato per definire le funzioni fuchsiane erano identiche a quelle della geometria non euclidea. Non feci la verifica – non ne avrei avuto nemmeno il tempo, giacché, appena seduto, ripresi la conversazione che avevo iniziato in precedenza – ma ne fui assolutamente certo. Ritornato a Caen, verificai il risultato a mente fresca, per mettermi la coscienza a posto.

La morale della storia, ovviamente, è che per un matematico «attaccarsi al tram» non è affatto una cattiva idea. O almeno, non lo è se uno si chiama Poincaré. O Dalí, se è per questo, che sembra essersi attaccato allo stesso tram per lo sfondo del suo *Santiago el Grande*, del 1957.

Escher trova la sua strada

Nel 1958 il matematico Donald Coxeter mandò a Escher un disegno del modello di Beltrami-Poincaré. L'artista rimase letteralmente «scioccato», e in una lettera del 5 luglio domandò spiegazioni: in particolare, su come si potesse ricoprire in maniera regolare il piano iperbolico. Come spiegava, la sua non era solo curiosità amatoriale, ma interesse professionale:

> Da molto tempo sono interessato a schemi con «motivi» che diventano sempre più piccoli, fino a raggiungere il limite dell'infinitamente piccolo. La questione è relativamente semplice, quando il limite è un punto posto al centro dello schema. Anche il caso di una retta-limite non mi era nuovo, ma non ero mai riuscito a creare uno schema circolare in cui ogni «macchia» diventa gradualmente più piccola man mano che si allontana dal centro e si avvicina alla circonferenza, come nel suo disegno.

Il geometra rivelò al disegnatore che, diversamente dal piano euclideo e dalla sfera, sul piano iperbolico il problema si può risolvere in infiniti modi. Alcuni di essi erano già stati scoperti da Gauss e Riemann, che non avevano però notato la connessione con la geometria iperbolica. Il primo a farlo fu appunto Poincaré, nel suo lavoro del 1881 sulla *Teoria dei gruppi fuchsiani*.

Il principio che regola l'esistenza delle piastrellazioni regolari del piano iperbolico è simile a quello già visto per i solidi regolari nello spazio e per le piastrellazioni regolari del piano euclideo. Ma ora possiamo fare il calcolo in maniera unificata, notando che la condizione affinché n poligoni regolari a l lati possano ricoprire il piano è l'uguaglianza di due angoli:

- Da un lato, l'angolo che n poligoni regolari uguali devono avere per poter coprire esattamente l'angolo giro 2π. L'angolo in questione è dunque $2\pi/n$.
- Dall'altro lato, l'angolo che i poligoni regolari di l lati possono avere.
  Che è un l-esimo della somma angolare del poligono. Quest'ultima, a sua volta, si può ridurre alla somma angolare degli $l - 2$ triangoli in cui il poligono si può scomporre, tracciando tutte le diagonali da un vertice.
  L'angolo in questione è dunque maggiore, uguale o minore di $(l - 2)\pi/l$, a seconda che la geometria sia sferica, euclidea o iperbolica.

Uguagliando i due angoli si ottengono tre condizioni, che si riducono rispettivamente al fatto che la somma di $1/n$ e $1/l$ sia maggiore, uguale o minore di $1/2$. E poiché i poligoni devono essere almeno tre, e devono avere almeno tre lati, si ottengono queste possibilità:

	3	4	5	6	7	8	9	...
triangoli	*(3,3)*	*(3,4)*	*(3,5)*	**(3,6)**	*(3,7)*	*(3,8)*	*(3,9)*	...
quadrati	*(4,3)*	**(4,4)**	*(4,5)*	*(4,6)*	*(4,7)*	*(4,8)*	...	
pentagoni	*(5,3)*	*(5,4)*	*(5,5)*	*(5,6)*	*(5,7)*	...		
esagoni	**(6,3)**	*(6,4)*	*(6,5)*	*(6,6)*	...			
ettagoni	*(7,3)*	*(7,4)*	*(7,5)*	...				
ottagoni	*(8,3)*	*(8,4)*	...					
ennagoni	*(9,3)*	...						
...	...							

La magica somma può essere maggiore di 1/2 in cinque casi, che corrispondono ai cinque solidi regolari. E alle *cinque piastrellazioni regolari della sfera* che si ottengono da essi, supponendo di gonfiarli come palloni.

La magica somma può essere uguale a 1/2 in tre casi, che corrispondono alle *tre piastrellazioni regolari del piano euclideo*. Ma può essere minore di 1/2 in infiniti casi, che corrispondono a *infinite piastrellazioni regolari del piano iperbolico*. Inoltre, ciascuna di queste infinite possibilità è realizzata in infiniti modi, grazie al fatto che gli angoli di un poligono regolare dipendono dalla sua area, e dunque dalla lunghezza dei suoi lati.

Più precisamente, *ogni poligono regolare può piastrellare il piano iperbolico con un numero arbitrariamente alto di piastrelle*: a partire da sette il triangolo, da cinque il quadrato, da quattro il pentagono e l'esagono, e da tre tutti gli altri. Una volta determinati gli angoli, queste piastrellazioni si possono facilmente realizzare in quilt iperbolici, cucendo insieme le varie pezze poligonali di stoffa: naturalmente, senza aspettarsi di poter poi distendere impunemente il risultato sui letti o per terra.

Addirittura, *ogni poligono regolare può piastrellare il piano iperbolico con un numero infinito di piastrelle in ciascun vertice*: in tal caso, gli angoli del poligono devono essere nulli, e i suoi vertici devono stare all'infinito. O, se si preferisce, sul bordo del modello.

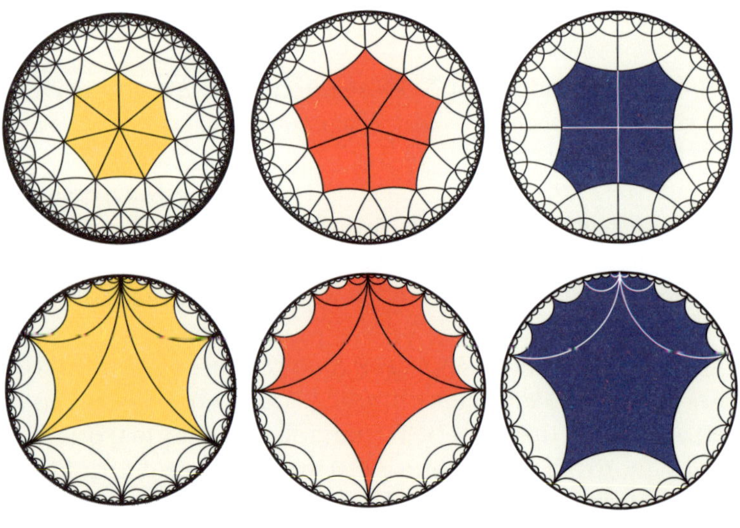

Dei poligoni regolari, *solo il triangolo e il quadrato possono piastrellare il piano in tutte e tre le geometrie*. Partendo dalla piastrellazione regolare del piano euclideo con *sei triangoli*, si possono ottenere le tre piastrellazioni regolari triangolari della sfera eliminando uno, due o tre triangoli in ciascun vertice. Aggiungendone invece un numero fisso arbitrario, si ottengono le infinite piastrellazioni regolari triangolari del piano iperbolico. Analogamente, partendo dalla piastrellazione regolare del piano euclideo con *quattro quadrati*.

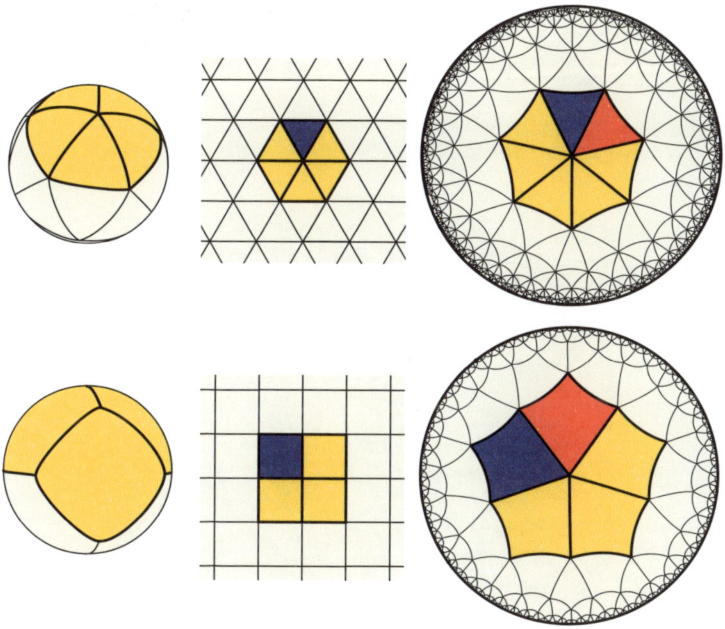

Escher diede un diabolico esempio di piastrellazione comune con un unico disegno per tutte e tre le geometrie, benché non con lo stesso tipo di piastrella, in *Studio per una tassellazione periodica di un piano con angeli e demoni* del 1941, *Sfera con angeli e demoni* del 1942, e *Limite del cerchio IV* del 1960. Come si vede osservando i punti di incontro delle ali degli angeli e dei diavoli, i primi due piastrellano il piano euclideo e la sfera, rispettivamente con quattro e tre quadrati. L'ultimo, invece, piastrella il piano iperbolico con *quattro esagoni*.

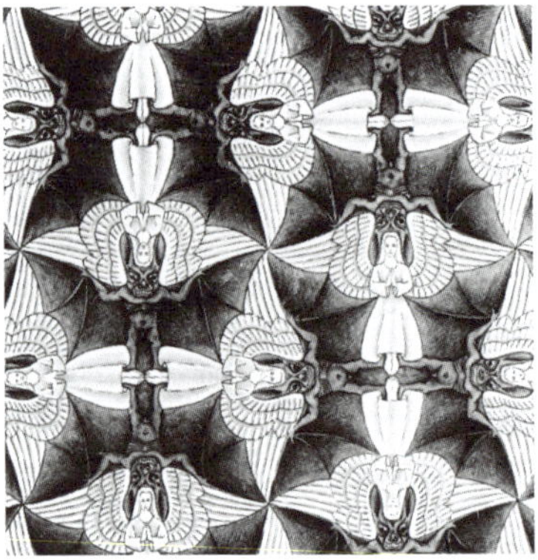

Maurits Cornelis Escher, *Studio per una tassellazione periodica di un piano con angeli e demoni*, 1941, e *Sfera con angeli e demoni*, 1942.

Maurits Cornelis Escher,
Limite del cerchio IV
(Paradiso e inferno), 1960.

Ma la più nota e riuscita piastrellazione regolare del piano iperbolico di Escher è sicuramente il *Limite del cerchio III* del 1959. Le rette iperboliche non si vedono, e *non* sono i percorsi di nuoto dei pesci di uno stesso colore, indicati con archi bianchi. Questi corrispondono invece a *rette equidi-*

Maurits Cornelis Escher,
Limite del cerchio III, 1959.

stanti da rette iperboliche: su una sfera sarebbero dei paralleli, che pur non essendo cerchi massimi, sono equidistanti da un cerchio massimo, cioè dall'Equatore.

Il *Limite del cerchio III* contiene varie piastrellazioni regolari del piano iperbolico. Una è costituita da *otto triangoli*, i cui vertici esterni sono i punti, come il centro del cerchio in cui si incontrano quattro pinne destre. Una piastrellazione duale è costituita da *otto triangoli*, i cui vertici esterni sono alternativamente i punti in cui si incontrano tre pinne sinistre, o tre facce dei pesci. Una terza piastrellazione è costituita da *tre ottagoni*, i cui vertici sono questi stessi punti.

Naturalmente, anche il piano iperbolico si può piastrellare in maniera semiregolare, con diversi tipi di poligoni regolari. Ad esempio, nel *Limite del cerchio III* la tassellazione che si vede meglio è quella evidenziata dagli archi bianchi, che alterna *tre triangoli e tre quadrati*. Essa ha per vertici i punti in cui si uniscono tre facce di pesci, e per lati appunto gli archi bianchi (o meglio, le rette iperboliche equidistanti da esse).

Nello stesso modo in cui una piastrellazione semiregolare della sfera si può ottenere dal pallone da calcio, un'altra piastrellazione semiregolare del piano iperbolico si può ottenere dal *pallone da calcio iperbolico*, scoperto nel 2000 da Keith Henderson.

Il comune pallone da calcio si può considerare come una variazione della piastrellazione regolare del piano euclideo, con *tre esagoni* in ciascun vertice. Sostituendo un esagono con un pentagono si crea un difetto angolare, che quando viene eliminato ripiega lo spazio positivamente in maniera sferica. Facendo il gioco contrario, di sostituire un esagono con un ettagono, si crea invece un eccesso angolare, che quando viene eliminato ripiega lo spazio negativamente in maniera iperbolica.

Proseguendo le due costruzioni, si ottengono rispettivamente una piastrellazione semiregolare sferica con *due esagoni e un pentagono* in ciascun vertice, e una iperbolica con *due esagoni e un ettagono*.

Sfilata di modelli

Un modo unificato di guardare ai modelli ottenuti finora, e ad altri ancora, passa attraverso la geometria di Minkowski. Infatti, benché essa fosse stata introdotta per motivazioni fisiche, in seguito si scoprì che ha anche applicazioni puramente matematiche. In particolare, la sua versione tridimensionale, con una coordinata spaziale in meno, permette di fare ciò che è impossibile nello spazio euclideo: ossia, trovare un modello naturale del piano iperbolico.

Si tratta di un *iperboloide di rotazione*, ottenuto facendo ruotare un'iperbole rispetto a uno dei suoi assi. Se l'asse di rotazione è perpendicolare a quello dei fuochi, si ottiene un *iperboloide a una falda* che ha, nello spazio euclideo, curvatura costante negativa. È dunque un modello del piano iperbolico, ma solo *parziale*.

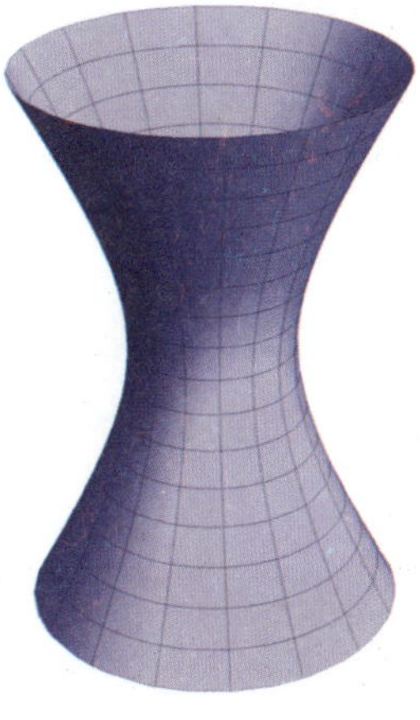

La torri a iperboloide a Polibino in Russia e nel porto di Kobe in Giappone.

La cattedrale di Brasilia progettata da Oscar Niemeyer.

La centrale elettrica Thorpe Marsh vicino a Doncaster in Inghilterra.

Strutture di questo genere sono abbastanza comuni in architettura. Il primo esempio storico fu costruito da Vladimir Šuchov per l'Esposizione Panrussa di Nižnij Novgorod nel 1896, ed è ora ubicato a Polibino. Due begli esempi sono la torre del porto di Kobe, inaugurata nel 1963, e la cattedrale progettata da Oscar Niemeyer a Brasilia, inaugurata nel 1970. Anche le torri di raffreddamento delle centrali elettriche hanno spesso questa forma.

Ruotando invece un'iperbole attorno all'asse passante per i due fuochi, si ottiene un *iperboloide a due falde*. Nello spazio euclideo, cioè misurando le distanze con la metrica newtoniana, ciascuna falda ha curvatura costante positiva, ed è dunque un modello parziale del piano sferico. Ma nello spazio di Minkowski, cioè misurando le distanze con la metrica einsteiniana, ciascuna falda ha distanza costante negativa dall'origine, e costituisce dunque una sfera immaginaria. Inoltre, ha curvatura costante negativa, e risulta essere un modello *completo* del piano iperbolico!

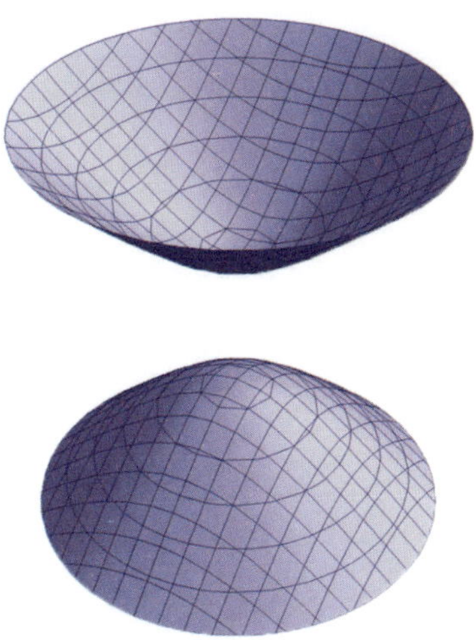

Il modello si può anche definire indipendentemente dalla geometria di Minkowski, considerando le rette non come linee di minima distanza rispetto alla metrica, bensì come intersezioni di una falda dell'iperboloide con i piani passanti per l'origine. I piani non passanti per l'origine danno invece origine a cerchi, orocicli e curve equidistanti dalle rette.

Definito in questo modo, il modello era già stato intuito nel 1870 da Helmholtz, nell'articolo *L'origine e il significato degli assiomi geometrici*. Ed era stato descritto nel 1880 da Wilhelm Killing nel lavoro *Il calcolo sulle superfici spaziali non euclidee*, in cui veniva attribuito a Karl Weierstrass.

Come ci si può aspettare, comunque, tutti i modelli della geometria iperbolica sono solo visioni diverse di un'unica realtà. Puntualmente, *se si proietta una falda dell'iperboloide dall'origine, sul piano orizzontale tangente al vertice, si ottiene il modello di Beltrami-Klein*. L'intera falda viene infatti proiettata sul cerchio definito dall'intersezione del piano con il cono asintotico dell'iperboloide. E i piani passanti per l'origine, che definiscono le rette sull'iperboloide, intersecano il cerchio in corde, che definiscono le rette nel modello di Beltrami-Klein.

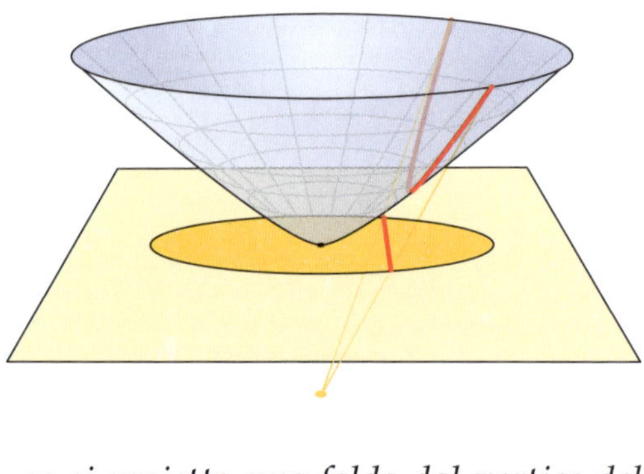

Invece, *se si proietta una falda dal vertice dell'altra sul piano orizzontale passante per l'origine, si ottiene il modello di Beltrami-Poincaré*. L'intera falda viene infatti proiettata sul cerchio definito dall'intersezione del cono parallelo a quello asintotico, passante per il vertice dell'altra falda. E a una retta iperbolica su una falda, definita da un piano passante per l'origine, corrisponde prospetticamente un cono il cui vertice coincide con quello dell'altra falda, e che interseca il piano orizzontale in un arco di cerchio perpendicolare al bordo nei punti all'infinito determinati dagli asintoti.

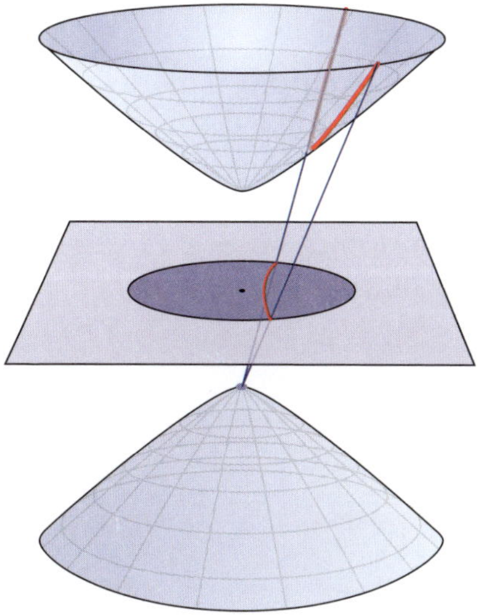

Infine, se si proietta verticalmente una falda su un piano orizzontale, si ottiene *Un nuovo modello del piano iperbolico*, proposto nel 1966 da David Gans. Questa volta il modello copre l'intero piano euclideo, e rende giustizia all'aggettivo «iperbolico»: oltre alle rette euclidee passanti per l'origine, le sue rette sono infatti i rami di iperboli aventi per asintoti le proiezioni del cono asintotico dell'iperboloide. In particolare, gli asintoti di una retta iperbolica passano per l'origine, e formano un angolo fisso fra loro.

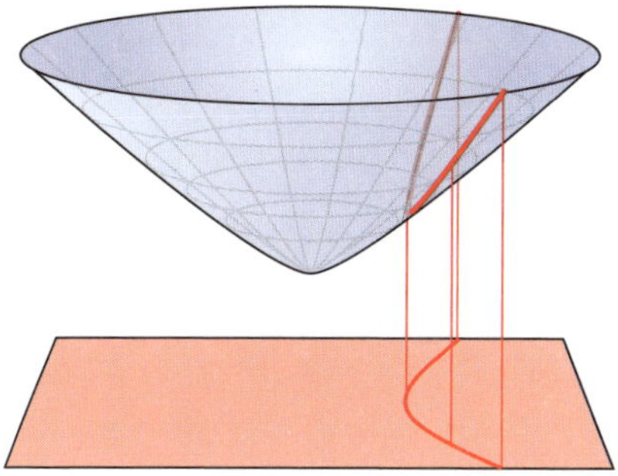

Le proiezioni precedenti permettono di passare indirettamente da uno qualunque dei quattro modelli a uno qualunque degli altri tre. Esistono però anche altre proiezioni, più dirette, tra i modelli di Beltrami-Klein e di Beltrami-Poincaré.

Consideriamo, ad esempio, il modello di Beltrami-Klein come la sezione equatoriale di una sfera avente il centro nel vertice dell'iperboloide, e il polo Sud nell'origine degli assi. Proiettandolo verticalmente sulla semisfera meridionale si ottiene un nuovo *modello a semisfera*, appunto, le cui rette sono semicerchi ottenuti come intersezione di piani verticali.

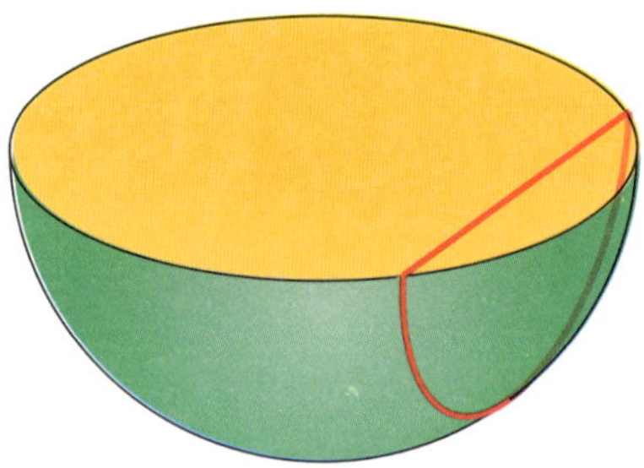

Proiettando stereograficamente il modello a semisfera dal polo Nord, su un piano orizzontale tangente al polo Sud, si riottiene il modello di Beltrami-Poincaré.

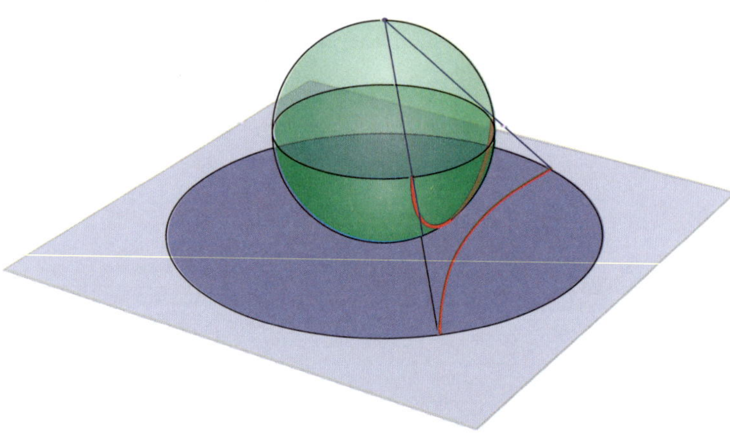

Proiettandolo invece da un punto equatoriale, su un piano verticale tangente al suo antipodo, si ottiene un nuovo *modello a semipiano*, le cui rette sono archi di cerchio perpendicolari al bordo.

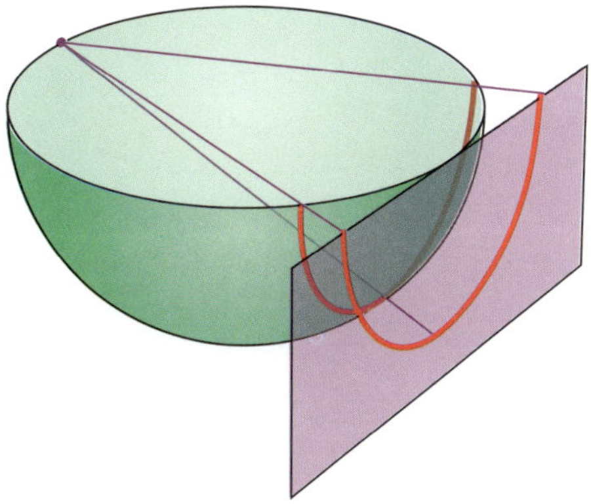

Inutile a dirsi, anche i due nuovi modelli così ottenuti erano già stati considerati da Beltrami. Ancora una volta, il modello a semipiano viene associato al nome di Poincaré. E, ancora una volta, è stato illustrato nel 1957 da Escher, nella *Divisione regolare del piano VI*.

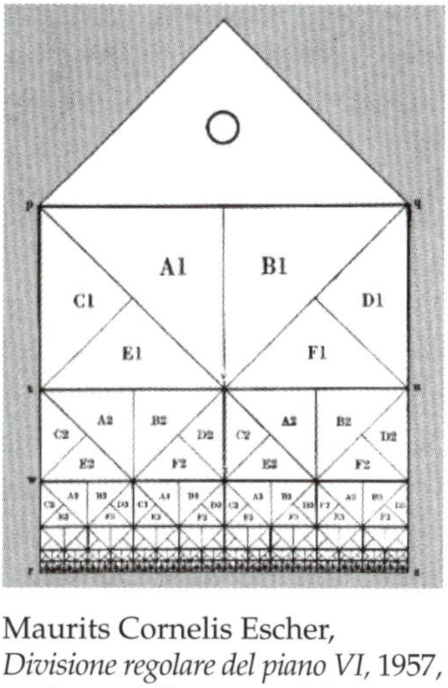

Maurits Cornelis Escher, *Divisione regolare del piano VI*, 1957, e schema della composizione.

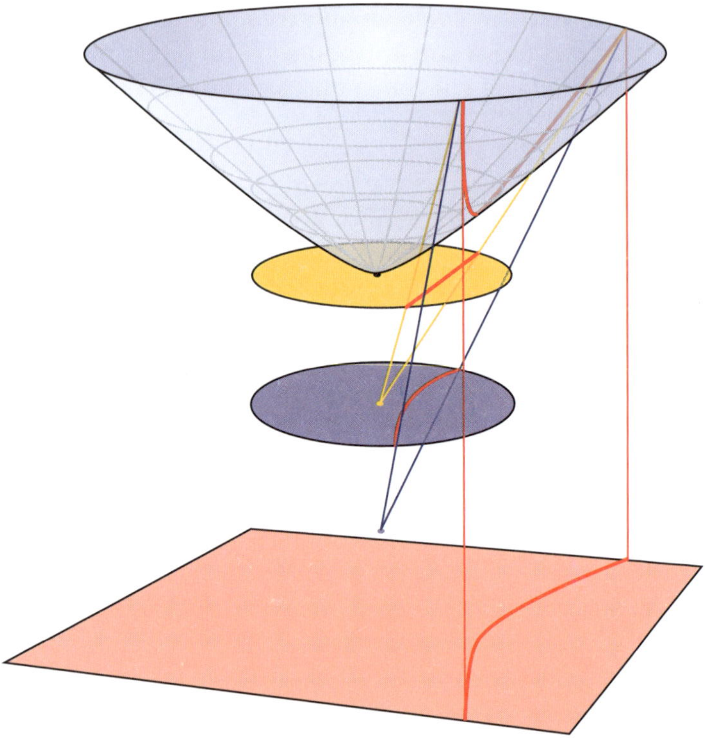

Il modello a iperboloide della geometria iperbolica e le sue proiezioni (di Beltrami-Klein, Beltrami-Poincaré e Gans).

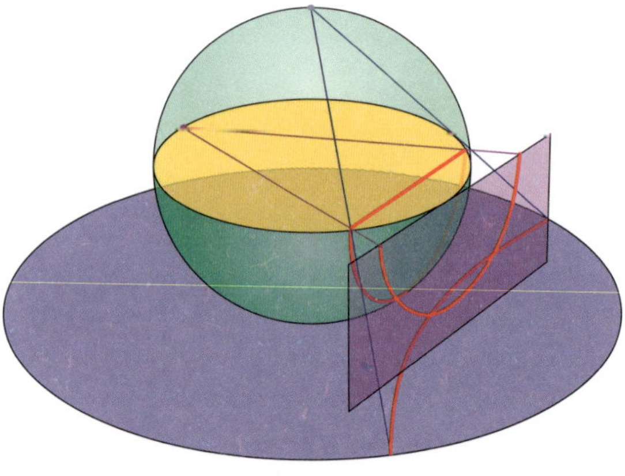

Il modello a semisfera della geometria iperbolica e le sue proiezioni (di Beltrami-Klein, Beltrami-Poincaré e a semipiano).

A qualcuno piace caldo

Nella cornucopia di modelli della geometria iperbolica, il più sorprendente è forse quello presentato nel 1902 da Poincaré, nel suo famoso libro di divulgazione *La scienza e l'ipotesi*. Un modello riproposto nel 1963 da Richard Feynman, probabilmente in maniera indipendente da Poincaré, nelle sue altrettanto famose *Lezioni di fisica*.

Si tratta semplicemente di immaginare un mondo bidimensionale circolare, o tridimensionale sferico, di raggio r. E di supporre che la temperatura non sia costante, bensì decresca uniformemente dal centro verso il bordo, in modo tale da essere proporzionale a $r^2 - d^2$ nei punti a distanza d dal centro.

Si può anche immaginare che tutti i corpi abbiano lo stesso coefficiente di dilatazione, proporzionale alla temperatura del luogo in cui si trovano, e che l'effetto della dilatazione sia istantaneo. Muovendosi verso il bordo, la temperatura si abbassa e le dimensioni dei corpi diminuiscono, esattamente come nel modello di Poincaré.

Analogamente, si può immaginare che il mondo sia dotato di un'atmosfera, il cui indice di rifrazione vari in maniera inversamente proporzionale a $r^2 - d^2$. In tal caso i raggi di luce si muovono secondo percorsi circolari perpendicolari al bordo, di nuovo esattamente come nel modello di Poincaré.

La geometria iperbolica è dunque la geometria di un mondo fisico che, come nota Poincaré stesso, non ha nulla di paradossale o inimmaginabile. E che, anzi, appare come una naturale astrazione di ciò che accade nei sistemi stellari, in cui la temperatura diminuisce gradualmente mentre ci si allontana dalla stella.

A cavallo tra Ottocento e Novecento si era dunque ormai capito che Galileo sbagliava, nel *Saggiatore*, a ritenere che la geometria euclidea fosse l'unico linguaggio in cui è scritto il grande libro della Natura. La geometria iperbolica aveva infatti esibito un altro linguaggio, alternativo a quello euclideo, ma altrettanto versatile nel descrivere aspetti significativi del mondo esterno. Molti altri linguaggi geometrici furono in seguito scoperti nel Novecento, e alla descrizione della loro Babele dedicheremo il nostro volume conclusivo, sul periodo contemporaneo della geometria. Ma per ora ci fermiamo, perché il racconto che abbiamo dedicato al periodo moderno finisce qui.

Ringraziamenti

Come già per *C'è spazio per tutti*, anche la realizzazione di *Una via di fuga* non sarebbe stata possibile senza il lavoro del *dream team* editoriale composto dall'iconografa Annamaria Biffi, i redattori Marina Buttarelli e Antonio Maldera, il disegnatore Sergio Pellaschiar e il grafico Emanuele Mantoani, che ringrazio di cuore individualmente e collettivamente.

Fonti iconografiche

pag. 55 A. Dürer, *Disegnatore dell'uomo seduto*, dal *Trattato sulla misura con riga e compasso*, Norimberga, 1525. Collezione privata/The Stapleton Collection/Foto © The Bridgeman Art Library/Archivi Alinari

pag. 55 A. Dürer, *Disegnatore del liuto*, dal *Trattato sulla misura con riga e compasso*, Norimberga, 1525. Berlino, Kupferstichkabinett, Staatliche Museen zu Berlin. © 2011 Foto Scala, Firenze/BPK

pag. 56 Masolino da Panicale, *Cristo in pietà*, 1424. Empoli, Museo della Collegiata. © 2011 Foto Scala, Firenze

Masaccio, *Trinità*, 1426. Firenze, Santa Maria Novella. © 2011 Foto Scala, Firenze/Fondo Edifici di Culto - Ministero dell'Interno

Cassone con cinque maestri del Rinascimento fiorentino, XV-XVI secolo. Parigi, Louvre. © Photoservice Electa/Leemage

pag. 57 Giovanni Bellini, *Il sangue del Redentore*, 1460 ca. Londra, National Gallery. © 2011 The National Gallery, London/Scala, Firenze

pag. 59 Masolino da Panicale, *Il banchetto di Erode e la consegna della testa del Battista a Erodiade*, 1435 ca. Castiglione Olona, Battistero. Foto © Magliani Mauro/Archivi Alinari

Raffaello, *La scuola di Atene*, 1508-11. Città del Vaticano, Musei Vaticani, Stanza della Segnatura © Musei Vaticani

pag. 60 Paolo Uccello, *La battaglia di San Romano*, e particolari di *mazzocchio*, 1435-40. Firenze, Galleria degli Uffizi. © Photoservice Electa/Quattrone

pag. 64 Hans Holbein, *Gi ambasciatori*, e particolare del teschio deformato, 1533. Londra, National Gallery. © 2011 The National Gallery, London/ Scala, Firenze

Emmanuel Maignan, *San Francesco di Paola in preghiera*, particolari con anamorfosi, 1642. Roma, Trinità dei Monti. Foto © Andrea Jemolo

pag. 65 Carlo Urbini, riproduzione a penna di un disegno di Leonardo da Vinci dal *Codice Huygens* MA 1139, f. 114. New York, Pierpont Morgan Library. Foto © DEA Picture Library/ concesso in licenza ad Archivi Alinari pag. 66 Michelangelo Buonarroti, *Giudizio Universale*, 1553-85. Città del Vaticano, Musei Vaticani, Cappella Sistina © Musei Vaticani

pag. 67 Andrea del Pozzo, *Gloria di sant'Ignazio*, 1681-82. Roma, Chiesa di Sant'Ignazio. Foto © Archivi Alinari, Firenze

pag. 69 P.P. Rubens, incisione per il frontespizio del libro VI di *Francisci Anguilonii e Societate Jesu Opticorum libri sex philosophis iuxta ac mathematicis utiles, Antuerpie 1613*. © Biblioteca Nazionale Braidense, Milano

pag. 80 Maschera funebre di Pascal, 1662. Parigi, Bibliothèque Sainte Geneviève. Foto © The Bridgeman Art Library/ Archivi Alinari

pag. 86 Veduta di Königsberg, incisione di Matthäus Merian, XVI secolo. © Photoservice Electa/AKG Images

pag. 87 Jakob Emanuel Handmann, *Ritratto di Leonhard Euler*, 1753. Basel, Kunstmuseum. Foto © Artothek/ Hans Hinz/Archivi Alinari

pag. 110 Nishimura Shigenaga, *Ammirare la luna piena da un interno a Shin Yoshiwara*, 1740 ca. Tokyo, Tokyo kokuritsu hakubutsukan

Okumura Masanobu, *Immagine prospettica del palcoscenico di uno spettacolo di teatro*, 1743. Berlino, Staatliche Museen Preussischer Kulturbesitz, Museum für Ostasiatische Kunst

pag. 111 Vincent Van Gogh, *Père Tanguy*, 1887 ca. Parigi, Museo Rodin. © 2011 White Images/Scala, Firenze

pag. 113 Max Bill, litografia della serie *Quindici variazioni su uno stesso tema*, 1935-38. © Max Bill – by SIAE 2011

pag. 119 Ritratto di Carl Friedrich Gauss, 1812. Gottinga, Università. © Photoservice Electa/AKG Images

pag. 123 Girolamo di Benvenuto, *Ercole al bivio*, desco da nozze, 1500. Venezia, Ca' d'Oro. © Photoservice Electa/Anelli/ su concessione Ministero Beni e Attività culturali

pag. 124 Antoine-Jean Gros, *Napoleone Bonaparte al ponte di Arcole*, 1801. San Pietroburgo, Museo dell'Ermitage. © 2011 Foto Scala, Firenze pag. 130 Reuleaux tavolino impilabile. Design by © Onur Müstak Çobanli, 2010. © OMC² Design Studios, all rights reserved.

pag. 138 Utagawa Kunisada, *Donna con origami*, incisione del periodo Edo. Foto © iStockphoto

pag. 139 Origami. Foto © iStockphoto

pag. 143 In basso a sinistra: origami modulari. © Foto Nodders. Tutti i diritti riservati / © Picasa

pag. 148 V.G. Perov, *Ritratto di Fëdor Dostojevskij*, 1872. Mosca, Galleria Statale Tret'jakov. © Photoservice Electa / AKG Images

pag. 149 Ritratto di 'Omar Khayyam in una miniatura persiana. Collezione privata. Foto © The Bridgeman Art Library / Archivi Alinari

Pagine delle *Rubayat* di 'Omar Khayyam nella traduzione in inglese di Edward Fitzgerald, con illustrazioni miniate da William Morris, 1859. Londra, British Library. © 2011 Foto Scala, Firenze / Heritage Images

pag. 156 Gottfried Engelmann, *Ritratto di Johann Heinrich Lambert*, XIX secolo. © Photoservice Electa / AKG Images

pag. 160 Julien-Léopold Boilly, *Ritratto caricaturale di Adrien Marie Legendre*, XIX secolo. Parigi, Biliothèque de l'Institut de France. © RMN (Institut de France) Gérard Blot - Réunion des Musées Nationaux / distr. Alinari

pag. 171 *Ritratto di Nikolaj Lobačevskij*, XIX secolo. © Photoservice Electa / AKG Images

pag. 174 Lewis Carroll in una foto di Oscar Gustave Rejlander, 1863. Collezione privata / The Stapleton Collection / Foto © The Bridgeman Art Library / Archivi Alinari

pag. 177 Giuseppe Velasco, *Giuseppe Piazzi che indica Cerere*, 1805. Palermo, Osservatorio Astronomico. © INAF – Osservatorio Astronomico di Palermo – G.S.Vaiana

pag. 185 Pallone da rugby. Foto © iStockphoto

pag. 190 *Ritratto di Bernhard Riemann*, incisione, XIX secolo. Foto © The Granger Collection / Archivi Alinari pag. 193 Lucio Saffaro, *Sfera aulonare*, 1967. Per gentile concessione Fondazione Lucio Saffaro, Bologna

pag. 194 Il Climatron all'interno del giardino botanico di St. Louis nel Missouri. Foto © Grant Heilman Photography/Alamy

pag. 200 Vincent Van Gogh, *La stanza di Arles*, 1888. Amsterdam, Van Gogh Museum. *Stanza di Arles* (bozzetto), da una lettera a Paul Gauguin, Arles, 17 ottobre 1888. Amsterdam, Van Gogh Museum

pag. 201 Vincent Van Gogh, *Il ponte di Trinquetaille*, 1888. Collezione privata. *Il ponte di Trinquetaille* (bozzetto), da una lettera al fratello Theo Van Gogh, 13 ottobre, 1888. Amsterdam, Van Gogh Museum

Vincent Van Gogh, *Il ponte della ferrovia sull'avenue Montmajour*, 1888. Zurigo, Kunsthaus. *Il ponte della ferrovia sull'avenue Montmajour* (bozzetto), da una lettera al fratello Theo Van Gogh, 13 ottobre 1888. Amsterdam,Van Gogh Museum

pag. 204 Giotto, *La conferma della regola*, 1290-95. Assisi, Basilica Superiore di San Francesco. © Franco Cosimo Panini Editore su licenza Archivi Alinari

Duccio di Boninsegna, *Ultima Cena*, 1308-11. Siena, Museo dell'Opera Metropolitana. Foto © The Bridgeman Art Library/Archivi Alinari

pag. 208 Ricostruzione della sella romana. Foto © Matthias Kabel/Creative Commons Attribution 2.5 Generic

Sella da cavallo. Foto © Juniors Bildarchiv/Alamy

pag. 209 Sella montana. Foto © Alamy/Milestone Media

Lo stadio olimpico Saddledome a Calgary, Canada. Foto © INTERFOTO/Alamy

pag. 210 Eugenio Beltrami. Foto da «Illustrazione Italiana», 11 marzo 1900

pag. 214 In alto a sinistra: nudibranco. Foto © Luca Tomesani

pag. 217 Particolare del campo di fiori «helicoradian» dal film *Avatar* di James Cameron

pag. 221 Felix Klein. Foto © Photoservice Electa/AKG Images

Henri Poincaré. Foto © SPL/Contrasto

pag. 222 Salvador Dalí, *Santiago el Grande*, 1957. Collection of the Beaverbrook Art Gallery, Fredericton, New Brunswick, Canada. © Salvador Dalí, Gala - Salvador Dalí Foundation – by SIAE 2011

pag. 228 M.C. Escher, *Studio per una tassellazione periodica di un piano con angeli e demoni*, 1941. © 2011 The M.C. Escher Company - Holland. All rights reserved. www.mcescher.com.

M.C. Escher, *Sfera con angeli e demoni*, 1942. © The M.C. Escher Company - Holland. All rights reserved. www.mcescher.com

M.C. Escher, *Limite del cerchio IV (Paradiso e inferno)*, 1960. © 2011 The M.C. Escher Company-Holland. All rights reserved. www.mcescher.com

pag. 229 M.C. Escher *Limite del cerchio III*, 1959. © M.C. Escher Company - Holland. All rights reserved. www.mcescher.com

pag. 232 Torre a iperboloide a Polibino in Russia. Foto © Arssenev / Creative Commons Attribution - Share Alike 3.0 Unported

Centrale elettrica Thorpe Marsh vicino a Doncaster in Inghilterra. Foto © Ben Elias/Creative Commons Attribution-Share Alike 3.0 Unported

pag. 237 M.C. Escher, *Divisione del piano regolare VI*, 1957 e schema della composizione. © 2011 M.C. Escher Company - Holland. All rights reserved. www.mcescher.com

L'Editore ha ricercato con ogni mezzo i titolari dei diritti iconografici senza riuscire a reperirli: è ovviamente a piena disposizione per l'assolvimento di quanto occorra nei loro confronti.

Indice dei nomi

Arnoldo Mondadori Editore S.p.A.

Questo volume è stato stampato
presso Mondadori Printing S.p.A.
Stabilimento di Verona

Stampato in Italia - Printed in Italy